U0172649

GLOBAL GOVERNANCE
and
CYBERSECURITY

全球治理与网络安全

王孔祥◎著

时事出版社
北京

目　　录

第一部分　全球治理篇

第二部分 网络安全篇

第三部分　全球治理的分水岭：新冠肺炎疫情与后2020年的世界

引言　全球化的辩证法

全球化掀开了人类历史的新篇章。科技革命、产业革命、思想革命、政治革命、社会革命等在世界各地轮番上演，大国的兴衰和竞争此起彼伏，世界快速而又充满悖论地进入一体化与分裂化、单一化与多样化、集中化与分散化、地方化与全球化、国际化与本土化并存的新阶段。

全球化的本质是一种打破和超越领土、国别、民族、领域等各种界限与边界，展示人类日益相互依存，并作为一类主体求生存、谋发展，逐渐形成一种新的整体性文明的客观历史进程与发展趋势。在本质上，全球化是一个内在充满矛盾的过程，它是一个矛盾的统一体。① 全球化首先表现为经济一体化，但经济生活的全球化必然对包括政治生活和文化生活在内的全部社会生活产生深刻的影响。② 所以，全球化是一个整体性的社会历史变迁过程。③

自由主义是全球化最基本的理念与价值；但由于自由主义本身已多元化，并充满歧义，特别是宣扬市场万能的新自由主义和美国力推的“华盛顿共识”，更是难以得到世人认同，所以，把全球化的价值与理念归结为自由主义，容易使全球化背负污名。全球化更核心、更基本的价值指向是全球主义（或世界主义），即对个人权利与利益的尊重，特别是对由个人组成的人类整体性的强调与关怀。全球主义（或世界主义）是全球化理念与价值之根，自由主义要服务于全球主义。④

---

① 俞可平：《论全球化与国家主权》，《马克思主义与现实》2004 年第 1 期。

② 尚绪芝：《经济全球化背景下国家主权问题研究》，天津师范大学博士学位论文，2006 年。

③ 蔡拓：《被误解的全球化与异军突起的民粹主义》，《国际政治研究》2017 年第 1 期。

④ 同上。

一、全球化概述

全球化是个综合的概念，表现为人类活动范围、空间范围和组织形式的扩大，空间上从地方到国家、再到世界的范围，也表现在人类社会的发展趋势，更表现在人类认识和解释世界的视角的转换。全球化至少包括经济的全球化、公共事务的全球化、人权的全球化、环境的全球化、法律的全球化等多个领域，其中经济全球化具有决定意义。

全球化是在经济一体化的基础上，在世界范围内产生一种内在的、不可分离的和日益加强的相互联系。从大航海时代以来，全球化分为以下四大历史时期：1. 渊源与萌芽期——15 世纪之前；2. 成长期——15 世纪—19 世纪 70 年代；3. 成型与反复期——19 世纪 70 年代—20 世纪 70 年代；4. 提升与变革期——20 世纪 70 年代以来。历史上的全球化是指 20 世纪 70 年代之前的全球化，它体现为西方中心、阶级中心、国家中心，并伴随着资本主义制度向全球的扩张。知名作家托马斯·弗里德曼将全球化分为三个阶段：1. 从大航海时代到 1800 年，是全球化 1.0 时代，核心驱动力是国家；2. 从 1800 年—2000 年，是全球化 2.0 时代，核心驱动力是公司；3. 2000 年以后，全球化进入 3.0 时代，核心驱动力是个体。从殖民扩张的 1.0 时代，到资本输出的 2.0 时代，再到数据联通的普惠式全球化 3.0 时代，全球化的动力在不断变化，全球化的水平和层次也越来越高。

当代全球化开始超越西方中心、阶级中心、国家中心，张扬和凸显人类的整体性和利益的共同性；并可以细分为：1. 20 世纪 70—80 年代，为启动期；2. 20 世纪 90 年代—2008 年国际金融危机，为高潮期；3. 2008 年至今，为下行期。

全球化 3.0 时代的实质，就是让所有人平等共享全球化带来的“普惠式全球化”红利。普惠式全球化，也是解决人类困难和挑战的良方。在全球化 1.0 时代，帝国和殖民地二元对立；在全球化 2.0 时代，发达经济体和发展中经济体之间仍然存在着南北鸿沟；而在普惠式全球化时代，开放平台和数字化空间，将成为解开全球发展不平衡难题的钥匙。21 世纪，是普惠式全球化的世纪。普惠式全球化正在带动人类进入更高的发展阶段，它有别于让发达国家和大公司更多受益的全球化，而是为中小企业、妇女、青年和发展中经济体提供更多机会的全球化。① 在这个时代，实物流、资金流和数据流交织，广阔的互联网平台，赋能每一个个体，让它们成为全球化的主角；科技公司的数据资源，成为驱动全球化的关键能源；人类的空间距离前所未有的缩小，新兴经济体能够快速跟上全球化步伐。②

作为人类文明发展的规律之一，全球化的步伐自哥伦布发现新大陆以来就一直没有停歇。在经历了1.0、2.0和3.0时代后，自2020年始，全球化迈向了4.0时代。与此前三次工业革命不同的是，全球化4.0时代是一个碰撞的时代，也是一个面临层出不穷和前所未有的挑战的时代，包括人工智能、大数据、自动化、未来的网络与虚拟经济、新的地缘政治等，全球化4.0时代可以看作是人类新的发展阶段。③

全球化4.0时代前的三个阶段在相应时期都推动了人类文明的发展进步，但是随着时代进一步发展，目前也带来了一些问题，诸如全球贫富差距拉大、失业现象严重、全球治理不公和失效等问题，逆全球化现象也开始逐渐显现。

作为代表未来新趋势和发展新方向的全球化4.0时代，无疑为我们解决当前问题提供了新的机遇。它突出的数据化、共享性为我们创建更公平、公正、平等的世界提供了基础条件。中国作为深度参与全球治理的大国，有责任也有义务对全球化4.0时代提出自己的方案。

首先，革新全球治理体系。全球化4.0时代的进程已经开始，但与之匹配的全球治理体系尚未形成。过去的治理体系已与现实严重脱节，我们仍严重地依赖战后体系下的全球化3.0时代的治理体系，为此，要革新治理体系，以新的智慧提升全球化的新阶段，比如对联合国、世界银行、国际货币基金组织等这些机构进行改革，以适应全球化4.0时代对全球治理提出的新要求。

其次，继续推动自由贸易和投资，尤其是支持数字贸易经济的发展。全球化4.0时代依赖于智能数字推动，但这仍需要以全球贸易来作为载体推动全球互联互通。因此，类似服务数字贸易的机构和组织就应该创立，

---

① 《全球的天猫与缩小的世界》，《21世纪经济报道》2017年11月6日，第5版。

② 《全球化4.0时代已拉开大幕》，《北京青年报》2019年1月27日，第2版。

③ 同上。

以便达成维护数字贸易的协议。

再次，鼓励更多国家和组织参与全球体系设计。全球化 4.0 时代，原来的国家间物理上的巨大差距被拉平，互联网提供的虚拟空间为各国平等参与全球治理提供了条件。因此新的全球治理体系能够更多听取多方意见，做到更加公平公正。

最后，也要发挥包括智库、高校、协会等这样的非政府组织在创建全球新体系中的作用。全球化 4.0 时代作为一个全新的时代，没有现成的实施经验，只有各个主体不断探索，才能找到最为合理和有效的方案。

作为崛起中的大国，中国需抓住机遇，利用我们在此前全球化 3.0 时代所没有的优势，为我们在全球化 4.0 时代开拓引领提供坚实的基础，在认真分析我们的优劣势基础上，推动中华民族伟大复兴与人类命运共同体的建设。①

二、全球化对国家主权的冲击

近代意义上的国家主权概念是在 17 世纪中叶以后，随着威斯特伐利亚体系的产生而形成的。② 此后，民族国家便一直是人类政治生活的核心。民族国家建立在众所周知的三要素之上：领土、主权和人民。直到现在，这样的民族国家仍然是现实政治生活的中心。然而，不可阻挡的经济全球化进程已经对这三大要素构成重大的挑战，正在从根本上动摇人们心目中的传统国家观念。③

从总体上说，从 20 世纪 90 年代以来，愈演愈烈的全球化进程至少正在从以下 8 个方面改变着民族国家的主权。

1. 超国家组织对国内政治生活的影响日益增大

一些重要的组织如联合国、世界贸易组织、国际货币基金组织、世界银行等，开始深度超越各主权国家的传统边界，对民族国家的国内政治、经济进程产生直接的重大影响。

---

① 尚绪芝：《经济全球化背景下国家主权问题研究》，天津师范大学博士学位论文，2006 年。

② 俞可平：《论全球化与国家主权》，《马克思主义与现实》2004 年第 1 期。

③ 同上。

2. 跨国公司日益严重地左右民族国家的国内政治

全球市场和跨国组织在本质上与传统的国家主权观念是相冲突的，当国家的领土疆界和主权性质与资本的全球要求相矛盾时，跨国公司和其他跨国组织就会想方设法地迫使国家的主权要求从属于资本扩张的要求。

3. 国家在全球体系中的核心地位受到一定程度的动摇

在全球化的冲击下，国家权力开始分层化和中空化。在世界范围内，与经济全球化进程相伴随的政治发展趋势之一，便是政治上的分权化。这种分权化从两个方向对通常集中于中央政府的传统国家权力进行分流：一是纵向的权力分流，即传统的国家权力开始明显地在全球层面、地区层面、国家层面和地方层面分化；二是横向的权力分流，即国家权力的多元化。

4. 国家的传统职能受到了严重的限制和削弱

作为经济一体化基础之一的世界市场的形成，使得国家原来对市场的调节和管理职能在很大程度上让位于跨国组织，民族国家在世界市场面前往往变得无能为力。诸如跨国公司的设置和投资策略、全球金融市场的规制等问题，都难以完全由民族国家单方面决定。

5. 国际因素已经成为制约国内政治发展的基本变量

全球化将世界上几乎所有的国家都纳入到国际政治经济的一体化进程和全球的互动网络之中，民族国家的国内政治进程在很大程度上开始受到外部因素的直接影响。对内的改革与对外的开放，成为民族国家政治发展同一过程的两个不同方面。任何国家，即使是十分强大的国家，在就重大国内事务进行决策时，也必须充分考虑到国际环境对这些决策可能产生的影响，以及这些决策对国际社会可能产生的影响。

6. 国家权力的边界在一定程度上开始变得模糊

全球化使得一些原来的国内问题成为国际问题，反之，一些原来的国际问题成为国内问题。国际和国内问题的边界变得模糊不清。①

7. 全球化正在重塑国家的自主性

全球性与自主性是全球化进程所产生的既相互对立又相互依存的两种属性，全球化在产生全球性的同时，也产生着自主性。自主性是在全球化

---

① 俞可平：《论全球化与国家主权》，《马克思主义与现实》2004年第1期。

进程中产生的对全球性的一种抗体。全球化并没有消除国家的自主性，相反它凸显了国家的自主性；然而，全球化正在赋予国家的自主性以新的意义时，社会的自主性逐渐开始取代国家的自主性。

8. 新国家主权观的出现

在民族国家遭受全球化的严重挑战后，许多新的国家观和国家主权观便应运而生。到目前为止，在经济全球化与国家主权的关系问题上，至少出现了以下 8 种有代表性的新国家主权观：民族国家终结论、国家主权过时论、国家主权弱化论、国家主权多元论、国家主权强化论、世界政府论、新帝国主义论和全球治理理论。

（1）民族国家终结论

鉴于经济全球化对民族国家的领土、主权和公民认同所构成的挑战，一些学者直接就把全球化的过程定义为“非民族国家化”的过程，认为全球化正在消除经济空间和政治空间的一致性。

（2）国家主权过时论

一些学者断定，传统的国家主权已经开始彻底崩溃，国家主权已经成为一个过时的概念，国际政治的“后威斯特伐利亚”时代已经来临。

（3）国家主权弱化论

一些学者指出，国家主权遭到了全球化的强烈冲击，国家主权已经被严重地削弱了，它不再具有先前的那种绝对性和至高性，但国家主权依然存在，远远没有消失，也没有过时。

（4）国家主权多元论

一些学者认为，在全球化时代，国家主权尽管依然存在，但它不再具有传统的那种绝对性，它变得可以让渡和可以分割。国家主权开始在现实生活中变得真正的多元化，它同时向两个方向转移和让渡：一方面，对内向国内的地方政府和民间组织转移；另一方面，对外向国际组织和全球公民社会组织转移。

（5）国家主权强化论

与当代各种流行的全球化理论和国家理论截然不同，一些学者认为，“民族国家的终结”是一个彻头彻尾的神话，全球化不仅没有削弱民族国家的地位，没有使国家主权消失，没有改变国家主权的性质，甚至也没有使其弱化；相反，国家主权的属性和功能在全球化时代得到了前所未有的增强。①

（6）世界政府论

一些学者相信，全球化为世界政府奠定了深厚的现实基础，也使“世界政府”和“世界社会”变得比以往任何时候更加必要，也更加具有现实条件。

（7）新帝国主义论

“新帝国主义”是传统帝国主义在全球化时代的最新发展，是全球化时代的帝国主义。所谓“新帝国主义”，实质上指的是西方发达资本主义国家完全无视国家主权的客观存在，在通过全球化过程进行经济扩张和金融垄断的同时，想方设法地将其文化价值、政治制度和意识形态推向广大的发展中国家。新帝国主义的重要特征，就是以“主权过时”“反对恐怖”“国家失效”等为名公开地谋求国际霸权。②

（8）全球治理理论

冷战结束后，西方的新现实主义学者提出“霸权稳定论”，主张打造一个无所不能的超级大国来统领国际事务；构建主义学者抛出“普世价值论”，主张推广西方价值观和社会制度来一统天下；自由主义学者提出“全球治理论”，主张各国弱化或让渡一部分主权，制定共同的规则来管理世界。

在当代西方的各种新国家主权理论中，最有影响的是全球治理理论。所谓“全球治理”，指的是通过具有约束力的国际规制解决全球化带来的新问题，以维持正常的国际政治经济秩序，③ 增进全人类的共同利益。基于全球化进程已经极大地改变了人们对国家主权的传统认识，许多学者主张，一种与全球化进程相适应的全球秩序已经出现，传统的国际政治或世界政治应当向全球治理转变。

当主权国家的统治体系无法覆盖全球问题时，寻求一种跨国界的行动机制，以摆脱人类共同的困境，就显得极为紧迫。人类社会为了迎接挑战，需要有新的全球制度安排和全球新秩序，通过国家行为体与非国家行

---

① 俞可平：《论全球化与国家主权》，《马克思主义与现实》2004年第1期。

② 陈明琨：《构建人类命运共同体的问题与对策研究》，山东大学硕士学位论文，2017年。

③ 俞可平：《论全球化与国家主权》，《马克思主义与现实》2004年第1期。

为体的多元合作和分担全球责任，用全球治理的方式来解决人类面临的越来越多的公共问题。

全球治理在当代国际关系中表现出的迫切性，与全球化过程中涌现出的大量的全球问题有着直接关系；而由全球问题所引发的全球危机，则是全球治理机制产生的最直接原因。

第一部分

全球治理篇

全球治理有着悠久的历史。第二次世界大战后，国际公共事务的治理就体现为一系列国际机制所框定的全球治理。美国主导构建了战后国际秩序以及相应的多边体系，通过创立联合国、布雷顿森林体系，提供以美元为定锚的稳定汇率；建立国际货币基金组织（IMF）与世界银行等机构，协助发展中国家因应国际收支失衡问题及满足发展融资需求；并以世界贸易组织为平台，推动以自由贸易为核心的全球化，从而奠定了当代国际秩序，并形成现行全球治理体制的三大构架：第一，以联合国为核心和以《联合国宪章》为实现国际和平的原则——主权原则：大小国家主权平等；非暴力原则：以和平手段解决争端；大国一致原则：以联合国五常制度为基础的国际政治安全构架；第二，以世界银行基于秩序的金融体系、以世贸组织基于开放的贸易体系、以国际货币基金组织基于发展的、以信贷体系为主体的国际金融经济构架；第三，以现行国际法、国际文化传播为内涵的国际软治理构架。

1972 年“罗马俱乐部”的报告《增长的极限》中首次出现“全球治理”的表述。其根本点是，这种治理仅仅是国家之间通过建立国际组织、形成国际条约来管理公共事务，行为体是国家，并未包含市场与社会主体。

全球治理理论是在全球化背景下顺应世界多极化趋势而提出的，旨在对全球政治事务进行共同管理的应对构想。1990 年，德国政治家维利·勃兰特（Willy Brandt）最早提出全球治理理论。当前关于全球治理理论的讨论主要被约瑟夫·奈（Joseph Nye）等西方的政治学家和社会学家所主导。西方学者不但阐述了全球治理的价值、规制、主体、客体、效果等核心要素，而且涵盖丰富，将议题扩大到全球化、国际秩序、建构主义、公民社会、国家地位与主权、国际干预、国际组织、非政府组织、跨国公司等方面。

冷战的结束为全球治理进入“快车道”创造了条件。全球治理是分析、应对、解决全球性问题的一种可行的思路，很多全球性问题都被纳入全球治理的框架并取得了良好的成效；全球治理也是建立国际新秩序的一种渐进变革的路径，新兴国家可以在其中发挥自身的作用；公正合理的全球治理体系既是人类文明整体进步的必要条件，也是世界格局健康发展的重要标志。真正意义上的全球治理体系是在经济全球化和世界一体化的进程中形成和构建的。[1] 在全球化的背景下，各种国际行为体在发展减贫、反恐、防扩散、应对气候变化、传染病防治、金融危机应对等重大全球性挑战和地区热点问题上密切地沟通、协调，各方在联合国、世界卫生组织、二十国集团、上海合作组织、欧洲联盟、非洲联盟、东南亚国家联盟等多边框架内开展合作，为世界提供了丰富多样的公共产品，有力地推动了世界经济一体化，维护了世界的和平与发展。安全成为全球治理的紧迫主题，牵动着全球治理体系的演变。全球治理侧重于非传统安全，包括网络安全这一新兴领域。全球治理在环保等领域的合作治理方面也发挥了一定的作用，但存在着缺陷和不足。

---

① 陈承新:《国内“全球治理”研究述评》,《政治学研究》2009 年第 1 期。

第一章　全球化时代的全球治理

全球治理是在冷战结束后兴起的，是在全球范围广泛动员各种资源、力量来应对和解决日益严重的全球性问题。冷战后，层出不穷的全球问题使得“全球治理”应运而生。全球治理以问题为导向和中心，着眼于发现问题、分析问题和解决问题。所谓“全球问题”，就是指当代国际社会所面临的一系列超越国家和地区界限，关系到整个人类生存与发展的严峻问题。当前，国际社会关注的南北问题、战争与和平、生态失衡、粮食危机、资源短缺、金融危机、人口爆炸、难民、艾滋病等传染病防治、国际人权与民族主义、气候变化、打击国际恐怖主义与毒品等跨国犯罪等等，都属于全球问题。这些问题无论从规模、波及范围还是影响后果上来说都具有全球性，它们的解决途径与国际社会整体联系在一起，因而也就有了全球意义。[①] 这些问题不是任何一国能够独立应对的，而且如果不加以及时解决，就会更加严重，并且影响到更多的国家和地区，所以需要国际社会通力合作、积极应对。全球问题的性质决定了其解决需要的不是单边，而是多边的联合行动；不是单方面的个体决策，而是更多地建立在合作基础上的全球公共政策、规划和综合治理。

全球治理理论是顺应世界多极化趋势而提出的，旨在对全球政治事务进行共同管理的理论。该理论最初由德国社会党国际前主席、国际发展委员会主席勃兰特于1990年提出。1992年，经勃兰特倡议，28位国际知名人士发起成立“全球治理委员会”（the Commission on Global Governance），由卡尔松和兰法尔任主席，[②] 专门研究全球治理问题，并创办了一份名为《全球治理》的杂志。在1995年联合国成立50周年之际，该委员会发表

① 陈承新：《国内“全球治理”研究述评》，《政治学研究》2009年第1期。

② 同上。

了《我们的全球家园》（Our Global Neighborhood，或译为《天涯若比邻》）的专题研究报告，较为系统地阐述了“全球治理”的概念和价值，以及“全球治理”同全球安保、经济全球化、改革联合国和加强全世界法治的关系。这份报告将全球治理定义为：各种公共的或私人的、个人和机构管理其共同事务的诸多方式的总和。它是使相互冲突的或不同的利益得以调和并且采取联合行动的持续的过程。它既包括有权迫使人们服从的正式制度和规则，也包括各种人们同意或以为符合其利益的非正式的制度安排。①

2000年，联合国秘书长科菲·安南在千年大会的报告中全面阐述了全球治理问题，呼吁国际社会开展广泛合作，共同应对在全世界范围出现的公共问题，这些问题主要有：政治方面，包括国家间和种族间的武装冲突、核武器的扩散等；经济方面，包括国际社会的两极分化、债务危机、国际金融市场的动荡等；环境方面，包括全球气候变暖、资源枯竭、生物多样性的丧失等；还有跨国犯罪、传染性疾病的传播等。② 从而引起了国际社会的重视和响应。美国总统克林顿和英国首相布莱尔在提出“第三条道路”之后，很快注意到它与“全球治理”的关联，将“全球治理”作为主张“第三条道路”政党的国际战略，目标是“运用人权武器使得全球问题及与此相关联的国内问题得到治理和解决”。

第一节　全球治理概况

全球治理是全球化、全球问题的伴生物，其主体不再仅仅是国家，而是同时包括市场（私人企业、跨国公司）和社会组织等非国家行为体。换言之，在国家治理阶段，市场与社会是被管理的对象、治理的客体；而在全球治理阶段，市场与社会既是治理的客体，又是治理的主体。

全球治理兴起的基本原因是：第一，全球化进程的加速，导致全球性的问题迅速增加；第二，传统的国家主权遇到挑战，维持世界秩序需要新的方式；第三，全球风险社会的来临，国际合作变得更加重要；第四，世

---

① The Commission on Global Governance, “Our Global Neighborhood,” Oxford: Oxford university press, 1995, pp. 2 – 3.

② Ibid., p. 13.

界政治的单极时代已经结束，国际社会进入多极化时代；第五，一些国家的治理失效，需要国际社会的帮助。

一、全球治理的概念

根据“全球治理委员会”的定义：治理是个人和制度、公共和私营部门管理其共同事务的各种方法的综合。治理体现的是公开性、开放性、多元性和民主化的特点。① 它是一个持续的过程，其中，冲突或多元利益能够相互调适并能采取合作行动，它既包括正式的制度安排，也包括非正式的制度安排。② 全球治理的目标与宗旨被确定为“发展一整套包括制度、规则及新型国际合作机制在内的体制，以此为基础不断应对全球挑战和跨国现象所产生的问题”。

二、全球治理的价值基点

全球治理的理论体系是建立在全球价值与多元行为体这两个价值基点之上的。

价值基点之一：全球价值

从理论上讲，全球治理要突破传统的现实主义、领土政治和全球治理的框架，在审视当代国际事务时必须具有全球视野、全球观念，即人类整体、地球整体的视野与观念。全球治理理论是针对国家治理和全球治理的片面性提出的，其理论基点是全球主义。全球治理委员会的报告认为“全球治理观必须是全球治理的基石”。

元治理特指一种伴随着治理趋势的“反向过程”，即从社会中心退回到某种程度上的国家中心，强调国家在治理中不可或缺的作用，它平衡地方、国家、地区、全球层次的治理，并相应地协调它们的行动。元治理中的国家不同于作为统治者的国家，它不再是最高权威，而需要通过协调其他主体来“延伸”自己的权力，它必须自觉地废黜自身在社会中的最高地位，在反思中向公民社会和市场放权，与其建立起一种合作伙伴关系。

无论如何，否认对国家中心主义的反思与警惕来谈论治理，都是不得

① 金彪著：《全球治理中的联合国》，北京：时事出版社2016年版，第9页。

② 陈承新：《国内“全球治理”研究述评》，《政治学研究》2009年第1期。

要领的。

价值基点之二：多元行为体

全球治理的主要特点之一，就是行为体的多元性与广泛性。具体而言，就是来自政府、社会、市场三大领域的诸多行为体积极参与、携手共治。当前，全球治理的参与现实与全球治理的内在要求还相差甚远。也就是说，国际社会对于全球治理的参与，无论就其范围、数量还是能力上，都远未达到全球共治的程度。

治理的要义在于强调“多元协商、利益协调、制度规范、公正公平、有序高效”。也就是说，治理是多元主体以民主参与的方式，以法规为基础，对权、责、利进行均衡配置的管理行为，以形成一个秩序良好、效率彰显的“善治”系统。而全球治理的方式与国家治理有着较大差别，强制力更弱。国际社会处于无政府状态，不存在世界政府；各行为体参与全球治理，主要是通过形成共识（认同共同的指导思想、原则）、遵守共同认可的规则和秩序、达成契约（签署并履行条约、协定）以及各参与者协商（主要方式是谈判、妥协），然后通过一系列的决策与执行机制加以落实。上述全球治理的不同层面和环节当中，契约和协商层面/环节是最重要的。

三、全球治理的模式

在各治理主体参与全球治理的过程中，由于其自身特色以及在国际体系中的不同地位，产生了三种不同的治理模式：一是国家中心治理模式，即以主权国家为主要治理主体的治理模式。具体地说，就是主权国家在彼此关注的领域，出于对共同利益的考虑，通过协商、谈判而相互合作，共同处理问题，进而产生一系列的国际协议或规制。二是有限领域治理模式，即以国际组织为主要治理主体的治理模式。具体地说，就是国际组织针对特定的领域（如经济、环境等领域）开展活动，在相关成员国之间实现对话与合作，谋求实现共同利益。三是网络治理模式，即以非政府组织为主要治理主体的治理模式。具体地说，就是指在现存的跨组织关系网络中，针对特定问题，在信任和互利的基础上，协调目标与偏好各异的行动者的策略，从而展开的合作管理。①

四、全球治理的决策机制

全球治理的决策机制主要有以下几类：

一是“大国一致”决策机制。如联合国安理会采取这种方式，它由大国主导、五大常任理事国拥有一票否决权，其他成员从联合国会员国中轮流产生。中小国家认为这种方式协商不足，要求改革。《京都议定书》达成以后，美国想在联合国通过大国决策方式处理气候变化问题；2010 年前后，欧盟、日本曾经想把气候变化议程交给安理会决策，遭到中国、阿根廷等发展中国家的反对；最后，气候变化问题还是由自下而上的协商式解决，经过漫长而艰苦的磋商，2015 年于巴黎达成《巴黎气候协定》。

二是协商一致机制。WTO 决策一般采取这种方式，其显而易见的缺点是效率低下。为解决效率低下等问题，在操作中对协商一致机制又辅以休息室制：在邀请各方广泛磋商同时，选中几个代表性参与方进行闭门磋商，争取形成方向性共识，或者达成交易。

三是董事会制。根据出资比例行使决策权利。IMF、世界银行等国际金融治理机构一般采取这种方式。其中，美国作为大股东（比例超过 15%）拥有一票否决权。中国倡议创设的新投资机构“亚洲基础设施投资银行”，采取一种改良型的董事会制：不承认大股东的一票否决权，而是通过协商取得一致。

四是俱乐部制。经合组织（OECD）、七国集团（G7）以及二十国集团（G20）等采取这种方式：决策依靠各方协商，但入门存在较高门槛限制。

五、全球治理的核心要素

全球治理有五个核心要素：1. 全球治理的价值。即在全球范围内所要达到的理想目标，应当是超越国家、种族、宗教、意识形态、经济发展水平之上的全人类的普世价值。2. 全球治理的规则。即维护国际社会正常秩序，实现人类普世价值的规则体系，包括用以调节国际关系和规范国际秩

---

① 百度百科，http://baike.baidu.com/view/1922482.html，2008-04-20。

序的所有跨国性的原则、规范、标准、政策、协议、程序等。3. 全球治理的主体或基本单元。即制定和实施全球规制的组织机构，主要有三类：（1）各国政府、政府部门及亚国家的政府当局；（2）正式的国际组织，如联合国、世界银行、世界贸易组织、国际货币基金组织等；（3）非正式的全球公民社会组织。4. 全球治理的对象或客体。即指已经影响或者将要影响全人类的、很难依靠单个国家得以解决的跨国性问题，主要包括全球安全、生态环境、国际经济、跨国犯罪、基本人权等。5. 全球治理的效果。涉及对全球治理绩效的评估，集中体现为国际规制的有效性，具体包括国际规制的透明度、完善性、适应性、政府能力、权力分配、相互依存和知识基础等。有学者把上述五个核心要素概括成五个问题：为什么治理（why）、在哪里治理（where）、谁治理（who）、治理什么（what）、治理得怎样（how）。

也有学者认为，全球治理具有以下要素：主体、平台、规则、资源、方案；其关键词包括：责任、合作、人类命运共同体、国际法治。

六、全球治理的基本特征

全球治理有四个基本特点：一是全球治理的实质是以全球治理机制为基础，而不是以正式的政府权威为基础；二是全球治理存在一个由不同层次的行为体和运动构成的复杂结构，强调行为者的多元化和多样性；三是全球治理的方式是参与、谈判和协调，强调程序的基本原则与实质的基本原则同等重要；四是全球治理与全球秩序之间存在着紧密的联系，全球秩序包含那些世界政治不同发展阶段中的常规化安排，其中一些安排是基础性的，而另一些则是程序化的。①

七、全球治理的意义

全球治理无论在实践上还是在理论上都具有十分积极的意义。就实践而言，随着全球化进程的日益深入，事实上，各国的国家主权都已受到不同程度的削弱；而人类所面临的经济、政治、生态等问题则越来越具有全球性，需要国际社会的共同努力。全球治理顺应了这一世界历史发展的内

---

① 百度百科，http：//baike. baidu. com/view/1922482. html，2008 -04 -20。

在要求，有利于在全球化时代确立新的国际政治秩序。就理论而言，它打破了社会科学中长期存在的两分法传统思维方式，即市场与计划、公共部门与私人部门、政治国家与公民社会、民族国家与国际社会等，它把有效的管理看作是两者的合作过程；它力图发展起来一套管理国内和国际公共事务的新规制和新机制；它强调管理就是合作；它认为政府不是合法权力的唯一源泉，公民社会也同样是合法权力的来源；它把治理看作是当代民主的一种新的现实形式，等等。所有这些，都为推动政治学和国际政治学的理论发展起到了非常重要的作用。①

八、全球治理的主要成就

全球治理至少有三个主要成就：

一是为全球安全稳定提供了基本保障。以联合国为核心、《联合国宪章》为基础的战后国际政治安全构架发挥了重要作用，成为二战后国际秩序的政治基础；这一国际安全秩序在维护世界和平方面发挥了重要作用，维护这一秩序符合国际社会广大成员的利益。

二是为世界经济社会发展提供了有利条件。以开放型经济为核心，以世贸组织、国际货币基金组织、世界银行为治理构架，形成二战后国际经济秩序的基础，为战后的世界经济发展提供了较为有利的条件。这一国际经济治理体系为世界范围内的经济发展提供了有利条件，为世界经济秩序的稳定做出了贡献。维护开放的世界经济体系，是维护二战后世界秩序的重要组成部分。

三是为新兴经济大国参与全球治理创造了机遇。2008 年世界金融危机之后，主要大国过度依赖货币宽松政策和低/零利率产生的金融风险积聚，导致再次发生世界性的金融危机。美国等西方国家民粹主义和民族主义催生的保护主义、“本国优先”主义盛行，贸易摩擦乃至贸易战烽火四起，以规则为基础、以世界贸易组织为核心的全球自由贸易体系有崩溃之虞。②

2007—2008 年，源自美国的住房部门次级抵押贷款危机最终蔓延为全

---

① 百度百科，http://baike.baidu.com/view/1922482.html，2008-04-20。
② 同上。

球性的金融危机，对全球经济带来巨大冲击。在金融危机发生不久，中国等新兴经济大国作为重要参与者的G20迅速作出反应，从2008年9月危机爆发到2009年9月的一年之内召开三次峰会，措施得力、效果明显。2008年11月15日，第一次G20峰会在华盛顿召开，从2008年10月18日法国总统萨科齐向美国总统布什提出建议，到11月15日会议召开，不到一个月的时间就召开峰会，足以体现G20在应对金融危机方面的高效。

第二节　全球治理的问题与挑战

在冷战结束后的30年间，国际大势是仍处于全球化时代：第一，全球化和全球治理；第二，多元主义主导；第三，建立包容开放的全球治理体系。具体体现为：第一，承认全球化是趋势，全球化利大于弊；第二，承认全球治理是一个开放体系；第三，认识到全球性问题的严重性，认为全球性问题需要通过不同国家、不同国际行为体的合作加以解决；第四，强调国际组织的作用，强调国际多边主义是全球治理的主渠道。（总体而言，这种形势是一种比较开明的体系，对于中国的崛起利大于弊。）

但是，现行的全球治理体系是西方国家主导建立的，其内在的不合理性、不充分性是其治理失灵的一个重要原因。

一、全球治理的制约因素

全球治理面临着诸多制约因素，主要体现在：一是各民族国家在全球治理体系中极不平等的地位，严重制约着全球治理目标的实现。富国与穷国、发达国家与发展中国家不仅在经济发展程度和综合国力上存在着巨大的差距，在国际政治舞台上的作用也极不相同，它们在全球治理的价值目标上存在着很大的分歧。二是美国是目前世界上唯一的超级大国，冷战结束后，它加紧奉行单边主义的国际战略，对公正而有效的全球治理造成了直接的影响。三是目前已有的全球治理规制一方面还远远不尽完善，另一方面也缺乏必要的权威性。四是全球治理的三类主体都没有足够的普遍性权威，用以调节和约束各种国际性行为。五是各主权国家、全球公民社会和国际组织各有自己极不相同的利益和价值，很难在一些重大的全球性问题上达成共识。六是全球治理机制自身也存在着许多不足，如管理的不足、合理性的不足、协调性的不足、服从性的不足和民主性不足等。①

二、全球治理面临的挑战

当前，全球治理面临着众多的挑战，主要集中在以下十个方面：1. 全球经济发展进程越来越不平衡，全球范围内的不平等在继续扩大，而不是在缩小；2. 贸易保护主义抬头并转向隐蔽化，受全球金融危机的影响，国际贸易的速度明显放慢；3. 金融资本市场不安全日益凸显；4. 全球恐怖主义威胁趋于蔓延恶化，国际恐怖活动对人类的威胁在进一步增加，国际社会缺乏足够的安全感；5. 大规模杀伤性武器呈现扩散趋势；6. 国际贫困与社会不平等更加突出；7. 全球气候环境面临更严峻的挑战，全球环境的恶化，特别是大气变暖，未能得到有效遏制；8. 世界粮食与能源短缺的压力增大；9. 网络空间的失序和安全挑战日益复杂；10. 跨国流动的便利加剧了全球性的风险。

此外，一些国家正在丧失自己的竞争力，脆弱国家的治理失效；地区性的局部暴力冲突时有发生，严重威胁着世界和平；全球共识难以达成，众多的全球治理领域还缺乏有效的国际规则和规制；民族主义和保护主义在许多国家和地区抬头；主要大国常常奉行双重标准；全球治理机构的权威性严重不足，联合国的作用难以充分发挥。这些是全球治理危机的基本问题。全球不平等的现象，推动了反全球化浪潮逐渐抬头，加重了全球治理的风险。

2016 年以来，世界政治发生了重大的变化。主要体现在：

（一）世界范围内民族主义、民粹主义上升

民粹现实主义（populist realism）成为一种重要思潮并明显表现出来，在一些发达国家新近选举中，我们都能看到这类现象不断出现。在民粹意识冲动下的权力政治抬头，形成政治现实主义 + 极端民族主义、自我利益 + 国家实力 + 民粹意识，以及反全球化和逆全球化的思想；他们宣扬民粹国家至高无上；国家利益至高无上；国家实力至高无上。典型案例和事件如：英国“脱欧”（2016）；特朗普当选美国总统（2016）；欧洲政治右

---

① 百度百科，http：//baike. baidu. com/view/1922482. html，2008 - 04 - 20。

翼化、极端化，等等。从某种意义上说，民粹现实主义回潮是一种反动，表明全球治理出现了重大的问题。

（二）全球治理赤字严重

自冷战结束以来，全球多边治理体制在应对气候变化、核武器、生化战争、地区和国内冲突、恐怖主义和经济危机等全球性问题上已经出现严重的治理赤字。并且，迄今为止，上述任何一个领域的问题都没有得到充分的解决。例1，多哈回合贸易谈判：一直处于僵局；例2，反恐：越反越恐；例3，气候变化：《巴黎协定》本来难产，现在更充满变数。中国国家主席习近平一针见血地指出，当前全球治理面临四大赤字，即和平赤字；发展赤字；治理赤字；信任赤字。

（三）新兴发展中国家制度权力不足

基于多边主义的规则治理核心是多边主义的组织形式，即国际组织。国际组织治理的主要权力是制度性权力，这是全球治理的主导形态。制度性权力是在全球治理和国际事务中框定问题、设置议程、制定、实施和利用规则的能力。例1，反恐（恐怖主义早已有之，但全球范围开展反恐行动是在2001年美国发生“9·11”事件之后。美国表现出框定问题、设置议程和制定实施规则的能力）。例2，IMF投票权：美国16.5%（可以否决）；中国6%（2015年之前为3.7%）；印度2.6%。

在一定意义上，全球治理变革表现为制度性权力之争。目前的总体态势是西方的制度性权力仍然占据主导地位。一方面，西方掌控全球治理体系的主导权，通过操控国际制度产生影响规范新兴力量，利用新兴力量；另一方面，新兴经济体争取与自身力量相称的地位，争取在全球治理和国际制度中的合法权益，加强自身的制度性权力。

作为依靠会员国缴纳的会费才能支撑运转的国际机构，如果会费短缺，联合国的工作将陷入窘境甚至停顿。近年来，联合国会员国迟交、少交和不交会费的现象日趋严重，欠款数额的雪球越滚越大，严重威胁到联合国的声望和执行力。截至2020年12月，仅139个会员国缴齐2020年会费，而美国更是一分未缴。当前，联合国的财政危机远未解决，反而愈演愈烈。联合国面临耗尽流动资金储备、拖延支付员工薪资和供货商费用的风险，可能将被迫采取一系列严苛的节支措施，包括限制差旅和招聘新人、节约用电用水等，以维持其正常运转。这种现象，无疑是当前以联合国为核心的全球多边机制日渐陷入困境的最直观体现。

（四）多边主义与单边主义的斗争

多边主义最基本的逻辑，就是国际上的事情要由各国商量着办，要按大家同意的规矩办，要兼顾各国利益和关切；各国在交往中要秉持协商解决，遵循规则秩序，集体协作解决问题。

美国肆无忌惮的单边主义行径犹如大坝之上的蚁穴，正在侵蚀国际多边机制的根基。自特朗普政府上台以来，试图以美国自身利益主导全球政治，严重干扰了全球治理进程。一方面，美国藐视国际规则和协定的权威性，对国际规则搞“选择性遵守”，接连退出多个国际组织和国际协定，推卸本应承担的国际责任。2018 年以来，美国陆续退出了联合国人权理事会、《维也纳外交关系公约》涉及国际法院管辖权问题的议定书、万国邮政联盟，宣布大幅削减对联合国巴勒斯坦难民救助机构和反恐机制等资助，2020 年又在疫情肆虐之际退出世界卫生组织。另一方面，美国上述行为透露出极其危险的信号，那就是作为二战后建立起来的国际多边秩序的主要倡导国，美国正在抛弃全球治理的规则体系，企图另起炉灶，建立完全以自我利益为中心的多边体系。这种单边主义行径对以联合国为中心、以多边协调为主要方式、以集体行动为重要特征的战后国际秩序造成了极其严重的冲击。

在特朗普执政的 4 年间，他带领美国退出了逾 10 个国际组织、协议和条约：

2017 年 1 月 23 日，上任仅仅三天，特朗普就签署行政令，宣布美国退出“跨太平洋伙伴关系协定”（TPP）；

2017 年 6 月，特朗普宣布退出《巴黎协定》，认为该协定让其他国家受益而置美国于不利位置；

2017 年 10 月 12 日，特朗普宣布退出联合国教科文组织，理由包括美方拖欠的会费不断增加，教科文组织带有“反以色列偏见”；

2017 年 12 月 3 日，美国宣布退出由联合国主导的《移民问题全球契约》制定进程，称其“损害美国主权”；

2018 年 5 月 8 日，特朗普宣布美国将退出《伊朗核协议》，并签署总统备忘录，重启因伊核协议而豁免的对伊朗制裁；

2018 年 6 月，特朗普宣布退出联合国人权理事会，指责该组织对以色列“存在偏见”；

2018 年 10 月 3 日，美国宣布将退出《维也纳外交关系公约》附加议定书；

2019 年 8 月 2 日，美国正式退出《中导条约》；

2020 年 7 月 6 日，美国正式通知联合国秘书长古特雷斯，将于 2021 年 7 月退出世界卫生组织；

2020 年 11 月 22 日，美国宣布正式退出《开放天空条约》。

第三节　陷入僵局的全球治理

近年来，在一些国家出现了单边主义、实用主义、贸易保护主义和“逆全球化思潮”，它们仍然推行赢者通吃、零和博弈、强买强卖、唯我独尊、以邻为壑的冷战思维和处事方式，给全球治理的前景蒙上厚重的阴影。

保守派与民粹主义和民族主义合流，对自由主义秩序发起猛攻，全球治理的共识瓦解；决策变为力量博弈的结果。现在，它们正在规则层面进行激烈的争夺；一些基本的游戏规则面临重构，协商困难重重。

由于大国竞争成为当前国际关系的主要特点，对全球治理话语权的争夺日趋激烈，治理模式分歧凸显。中国正在国际投资领域积极拓展自己提供的一些新实践模式；在全球贸易领域，正在实施自由贸易区战略，推动构建、形成自由贸易区网络；在数字经济领域，也在积极拓展影响力。而西方对于全球治理的支持在下降，承担责任的意愿降低；特别是美国正成为自由主义秩序的挑战者、破坏者。两种努力的方向背道而弛，使得全球性问题的协商合作变得更为困难。G20 的作用逐步下降。2016 年 G20 杭州峰会掀起的合作共治高潮转瞬即逝；近几年的 G20 峰会争议不断，沦为空谈，几乎连联合公报都不能发表。新兴的金砖峰会等合作平台的吸引力、影响力也受到削弱。总之，国际间的合作气氛显著降低。

一直以来，在美国政治和外交中存在的钟摆效应又一次出现。战后，美国全面介入世界事务并与苏联争夺世界的领导权；1991 年，华盛顿击败莫斯科，赢得冷战的胜利，开始高居世界霸主地位；2001 年，为了本土安全，美国又开始了新一轮的穷兵黩武；2016 年，“美国必须退出世界舞台”的孤立主义论调甚嚣尘上；2020 年，美国已经从风云变幻的世界中抽回了半个身子。2020 年，尽管因为疫情失控等原因，导致特朗普连选连任败北，但仍有 7400 万美国选民投了他的票；2021 年 1 月发生的冲击国会大厦的事件，也说明所谓“特朗普主义”被相当一部分美国人当成“让美国再次伟大”的灵丹妙药。

而一个没有美国参与其中的世界，会是怎样的呢？

第一，联合国这样的国际组织不仅会经费紧缺，而且可能会出现群龙无首的局面，变成一战后的“国联”，名存实亡。

第二，作为世界第一大经济体，美国如果拒绝加入，“跨太平洋伙伴关系计划”（TPP）和“区域全面经济伙伴关系协定”（RECP）这两个目前世界最大的贸易“伙伴”的重要性也会大大缩水。

第三，作为一氧化碳排放的世界第二大国，美国如果在抑制气候变化的波澜壮阔的人类命运之战中缺席，这场战役的胜负将不得而知；还有抗击新冠肺炎疫情，也离不开大国，尤其是美国的参与。尽管有不少国家对美国作为“世界警察”的胡作非为甚为反感，但世界上还有哪个国家有能力并愿意动用庞大的人力、物力和武力“替天行道”，以维护地区的安全和稳定？

第四，在欧洲还没有足够的资源、能力和勇气取代美国之前，世界上其他想要对美国取而代之的实力中心也许不缺资金和智慧，但缺乏这样可以快速投射国际力量的硬件，更缺乏可以激励别国人民追求自由与平等的软实力。无论对美国有什么偏见和不满，在世界历史的长河里，过去 75 年可能是全人类相对和平与繁荣最为久长的一个时段，也是民族独立和个人自由大放异彩的一个时代。美国的退出，可能会让这个美好的时段戛然而止，世界也会因此进入新的动荡不安，终将导致“双输”的局面。

因此，美国和中国应当讨论如何进行合作，并与国际社会协调统筹，化解这些威胁；在全球治理的各个领域，如预防失败而遭到网络攻击的时候迅速恢复对话、合作。具体来说，中美应在以下方面共同努力：共同界定网络恐怖主义；建立信息共享与合作调查机制；建立并实施对抗性的宣传策略；以适当的方式协调统筹反恐行动；加强与国际机构合作，应对恐怖主义挑战。①

① 鲁传颖：《中美网络安全战略的互动与合作》，《信息安全与通信保密》2015年第11期。

第二章　国家利益与全球治理

19 世纪，英国著名首相亨利·约翰·坦普尔·帕麦斯顿（Henry John-Temple Lord Palmerston，1784—1865）说过："大英帝国没有永远的朋友，只有永远的利益。"这一国际关系学界耳熟能详的名言，道出了国家利益是国家之间战争与和平、冲突与合作之核心的真谛。国家利益的载体和表现形式在不断地发展变化，从土地、原材料、能源、市场，到今天的科技专利、信息数据，等等。在全球化时代，国家利益的地域边界逐渐模糊、重合，各种生产要素在全球范围参与市场交换、配置、组合，是世界经济繁荣与活力之源头与体现。

国际交往需要一整套的规则、机制、制度和组织来保证。经过几个世纪的实践，各国发展出来主权平等、不干涉内政、禁止使用武力或以武力相威胁等处理国际关系的法律规则，即国际法；通过让渡各自的部分主权，建立并赋予诸如联合国之类促进国际合作的众多国际组织；还建立和发展了国际法院、世界贸易组织争端解决机制、国际投资争端解决机构（ICSID）等和平解决国际争端的机构、机制。在国际社会的共同努力之下，实现了二战后长达 70 多年的相对和平与持续繁荣、国际关系总体上运行得平稳有序。

2021 年 3 月 18—19 日，在美国阿拉斯加举行了中美高层战略对话。美方代表提出"加强以规则为基础的国际秩序"，因其认为该秩序可"帮助各国和平解决分歧，有效协调多边努力，参与全球贸易，确保每个人都遵循同样的规则"。但正如基辛格所说，从来就没有全球秩序，当然更没有全球政府。现实世界只有国际秩序，西方秩序虽居于主流地位，但也不能完全代替其他秩序的存在。现在的问题是，美国正对其创立的以自由主义、开放、民主为主导的战后国际秩序产生怀疑。

新自由主义是发达国家用于指导冷战后全球治理的主要意识形态，但现在发达国家的右派和左派均主动地抛弃了新自由主义，纷纷转向现实主义，强调实力外交。国际秩序面临内外冲击，全球治理的基础结构正在动摇。

第一节 国家治理与全球治理的关系

国内治理和全球治理具有高度的关联性：国家治理是全球治理的基础，全球治理是对国内治理的扩展、自然合理的延伸。任何国内的治理问题都有可能成为全球治理问题，任何全球治理问题也都可能成为国内问题。但全球治理不是国内治理，也不是全球治理，即不仅仅是跨国问题和国家间问题，而是涉及全球的普遍性问题，它要求不同治理理念、规则、标准和策略的普遍趋同。如果刻意坚持这种差异，忽视对国家治理与全球治理内在关联性的研究，拒绝对两者日益打破界限，融为一体的审视与承认，那就势必导致治理的困境。[①] 当然，很多全球发生的问题是国内问题，以及国家间问题的延伸。当今世界的一大特征，就是联系越来越广泛，国与国之间的相互影响越来越深，没有人是孤岛，全人类正在向共同体方向发展。以前属于国内治理重点的经济社会发展、民生保障、公共服务等内容，越来越向国际社会延伸，越来越多的问题需要全球共同解决，越来越多的挑战需要全球共同应对。

全球治理的方式与国家治理有着较大差别，全球治理的强制性比国家治理要弱得多，重大问题往往通过反复协商才能取得基本共识，再通过缔结契约来执行。正因为全球治理的强制力弱，就重大治理问题如何进行决策，以及形成有强制力、约束力的执行机制就成为一大难点。这使得众多全球治理问题久议不决，执行乏力，治绩不彰。如果刻意地坚持这种差异，而忽视对国家治理与全球治理内在关联性的研究，拒绝对两者日益打破界限、融为一体的审视与承认，那就势必导致治理的困境。

国家治理更容易得到人们的理解与认同。有的学者是以主权国家为中心出发的，认为全球治理该被赋予与时俱进的新含义，即一种认为民族国家政府应对全球化带来的严峻挑战而共同行动起来、平等参与国际事务的

---

① 蔡拓：《中国参与全球治理的新问题与新关切》，《学术界》2016 年第 5 期。

行为，设定限制和给予激励的机制、制度和可行实践的框架。而全球治理则立足于全球的视角，关注的是整个人类面临的公共事务，特别是关涉人类命运与发展的全球性问题。罗西瑙在有关全球治理的著述《没有政府的治理》一书中的全球治理，指的是一种没有政府的治理途径，是“在一些行动范围中的管理机制（regulatory mechanism），它们尽管未被授予正式的权威，却有效地发挥着功能”。全球治理的有效实施，一方面有赖于各种治理主体的成熟与发展，另一方面则在于成熟且富于创新性的治理机制的产生和培育。也有学者指出，全球治理是指国际社会各行为体通过协调、合作、确立共识等方式参与全球公共事务的管理，以建立或维持理想国际秩序的过程。这一治理既不是世界政府也不是民族国家行为体的简单组合，而是一种国家与非国家行为体之间的合作，以及从地区到全球层次解决共同问题的新方式。这种在冷战背景下形成的传统理念，将全球治理视作国内治理模式的延伸和扩展，相对于通过市场途径的自发管理模式和通过政府途径的强制管理模式的治理，全球治理的模式具备相对稳定的机制。①

治理首先是一国政治的使命。作为国际关系中基本和首要的行为主体，国家承担着众多的统治职能与社会职能或公共职能。前者包括维护国家主权和领土完整、镇压国内反政府势力或武装、巩固政权等；后者包括发展经济、增加就业、打击犯罪、维护社会秩序和治安、保护环境、促进教育和卫生健康等民生事业、应对自然灾害、赈济灾民，等等。进入现代社会，随着人类文明的发展和时代的进步，国家/政府作为暴力工具的本质没有变，但职能发生了巨大变化。在实际运用中，国家的阶级统治功能逐渐弱化，专政工具职能所占比例越来越小，但其公共治理、服务社会的职能正在强化，促进经济社会发展和从事社会管理的职能越来越充实，且日益复杂。进入后现代社会，国家权力的边界在一定程度上也开始变得模糊。在国家治理阶段，市场与社会是被管理的对象、治理的客体；而在全球治理阶段，市场与社会既是治理的客体，又是治理的主体；政府从事社会管理的内涵更加丰富多样，管理上升为治理。从管理变成治理，意味着国家从暴力工具进化为治理工具。

---

① 陈承新：《国内“全球治理”研究述评》，《政治学研究》2009 年第 1 期。

国家间竞争很大程度体现为国家治理能力与治理绩效的竞争。对于大国而言，尤其如此。善治是国家治理的理想状态。治理的要义在于强调“多元协商、利益协调、制度规范、公正公平、有序高效”。治理是多元主体以民主参与的方式，以法规为基础，对权、责、利进行均衡配置的管理行为，以形成一个秩序良好、效率彰显的“善治”系统。在全球化时代，国家的治理能力、治理水平不仅事关社稷安危、国计民生，而且事关该国的国际地位和国际影响，涉及地区乃至全球的和平与安全。

各国政府的治理能力，即国家治理能力，与该国的文明发展指数密切相关。从世界范围来看，全球治理的主要参与国、贡献国，如欧美及日本、韩国、新加坡等发达国家和以中国等为代表的一批新兴国家，大都实现了良法善治，是国家治理成绩斐然的代表。

如前所述，国际和国内问题的边界变得模糊不清，全球化使得一些原来的国内问题成为国际问题，反之，一些原来的国际问题成为国内问题。如果由于内部或外部的各种原因而导致国家治理不善，那么就不仅是本国政局动荡、腐败盛行、犯罪猖獗、经济萧条、民不聊生，而且会导致该国的问题溢出传递到邻国、乃至更多国家，使得经济危机、传染病、恐怖主义、海盗、难民等人祸泛滥成灾，成为各种全球性问题的发源地，危及国际和平与安全。如近年来令欧盟多国头痛的“非法移民”问题，其原因是西亚北非局势动荡带来的战乱、冲突；解决该问题的出路是谋求和平、推动和解、恢复稳定。

以索马里、阿富汗、叙利亚、海地等为代表的一批非洲、亚洲、拉美最不发达国家，是国家治理失灵的典型国家，甚至被美国等西方国家贴上“失败国家”（failed state）、“流氓国家”和“恐怖主义国家”的标签。在国家治理过程中，这些国家存在诸多类似的问题，如经济发展滞后，贫穷落后，社会稳定性不足、动荡不安，现代化水平低，宗教问题复杂以及地区发展差距显著等。但是，国际社会不能、也不应该坐视这些治理失效的国家坠入动荡、崩溃的深渊而不闻不问；否则，这些国家的问题会国际化，从而危及国际和平与安全。因此，它们需要国际社会的帮助，国际社会也有义务帮助它们。这正是产生全球治理的原因和理由。

2017 年的美国《国家安全战略报告》提出了所谓“脆弱国家”，指的是那些因虚弱或失败而有利于滋生对美威胁的国家。2020 年出台的新国家安全战略指出，脆弱性带来的危害包括滋生暴力极端主义分子和犯罪集团，损害经济繁荣和贸易，破坏国际和平，给伙伴国家和地区造成动荡，催生集权主义和外部剥削，增长美国竞争对手的影响，缺少对合法使用武力的垄断，等等。

这个战略强调，当以公民责任为中心的政府失势时，脆弱就将随之而生，美国要做的就是帮助那些有“改革思维”的政府、民众和社会。对此，有人表示，“过去 5 年内，美国花费了 300 亿美元对 15 个极度脆弱国家进行外援……原因很简单，因为弱小和治理匮乏的国家会成为各类挑战的增长点，包括冲突、恐怖主义、犯罪、人道主义危机等，威胁我们的国家安全”。

在这份新战略中，美国寻求打破因脆弱而引发的高昂代价循环，帮助“和平、自立国家”成为美国的伙伴。战略设定了四个主要目标：一是“预防”，即支持参与和平建设，预判和阻止暴力冲突；二是“稳定”，即支持政治进程以解决冲突，支持青年、妇女和宗教信仰团体和被边缘化群体发挥作用；三是“伙伴”，即促进共同分担责任，创造长期的地区稳定，激励私营部分发展；四是“管理”，即通过政府部门开展合作，提高援助经费使用效率。

2020 年 12 月 18 日，来自美国国防部、国务院、财政部及其他机构的官员在线上正式发布《美国防止冲突和促进稳定的战略》。它的由来要追溯到 2019 年美国国务院提出的《全球脆弱性法案》，提出政府应着眼未来 10 年制定官方战略，帮助那些所谓“脆弱国家”从脆弱走向稳定，从冲突走向和平。

这份文件也是美国政府全球战略调整的新指针。尽管相关法案是特朗普在任时签署的，但在经历了特朗普 4 年执政的乱象后，美国高层痛苦地认识到，国内的社会分裂、政治裂痕已经严重影响到对外政策的方向和成效。这个战略是超越两党分歧的共同成果，瞄准的是地区和全球大国混合挑战的未来，通过帮助美国与国内社会、智库、学界和国际伙伴建立牢固的同盟，以联合阵线形式共同应对最艰难的使命。助理国务卿丹尼丝·纳塔利还特意强调该战略“绝非新瓶装旧酒”。

互联网治理，“可以视为国家治理在网络虚拟空间的表现形态。黑客攻击、网络犯罪、网络恐怖主义等威胁网络安全的行为，不仅因为互联网的虚拟性、无国界和高科技等属性，而且因为各国法律、政策的不同而有不同的理解和不同的立场，基本上处于无政府状态，难以加以有效地治理和应对，成为国际社会久拖不决的重大议题和考验，并不断引起国家之间的外交和政治纷争。

在网络空间，发展中国家的话语权明显不足。受西方发达国家网络技术垄断和各类规则的限制，发展中国家在网络空间明显处于被动局面，话语权严重缺失。在处理网络安全问题方面，技术落后的发展中国家应对能力明显不足，经常受制于西方发达国家。西方发达国家借助互联网向全球进行经济、文化输出，坐收“网络红利”，而那些发展中国家的政治、经济、文化权益则面临被侵蚀的风险。

这就需要对原有全球治理理论进行反思。包括：二战后建立起来的国际关系体系的合理性；主权国家主导的世界政治秩序与全球治理的关系；全球利益与国家利益的关系；国家治理与全球治理的关系；新兴经济体发展与全球治理体系的调整转型；地区政治、国内政治对全球性问题的影响等。

要充分认识到整体治理观对全球治理的意义。整体治理观是针对局部治理观、割裂治理观、片面治理观而言的。局部治理观表现为视野的局限、领域的局限、空间的局限，往往习惯于从单一的领域、有限的空间考虑治理问题。比如只讲市场治理、地方治理、城市治理，忽视政府的综合治理。割裂的治理观表现为思维的对立、价值的对立，不善于多向度、多功能地认知治理，往往偏执于一端，表现出非此即彼的特点。①

第二节　对国家利益最大化的反思

国家利益最大化是现实主义国际关系学派的决策指南。每个国家都希望实现本国的利益最大化，这是可以理解的；但是这也是很难实现的。在实践中，它存在许多问题。

---

① 蔡拓：《中国参与全球治理的新问题与新关切》，《学术界》2016年第5期。

一、国家利益最大化的前提条件

实现国家利益最大化，需要两个前提条件：

一是国家利益最大化的前提假设是无政府状态下的国家是纯粹理性的单一行为体，国际间形成的是自助体系。

二是国家理性选择的根本目的是在自己的理性算计中实现国家利益最大化。

二、国家利益最大化的表现形式

国家利益最大化的表现形态有三种：

第一种形态：不顾及他国的基本生存和发展的核心利益，利用一切合法及非法的手段，追求国家利益的最大化。这意味着国家不仅在核心利益、重大利益上不妥协不退让，而且在一般利益上也要获利最大。

第二种形态：在权力所及范围内实现利益与权力的同等扩大，以追求权力最大化来实现利益最大化，这种表现形态以现实主义理论为典型。

第三种形态：追求国家利益达到相对的自身满意的程度，尽管不一定达到最大，但这种形态是新古典派的"自身满意"说的充分体现。

三、国家利益最大化的理论挑战

在实践中，国家利益最大化遇到了四种理论上的挑战：

第一，"国家利益"的重新建构：建构主义的挑战。建构主义者不赞同国家利益的既定性，认为国家利益不仅在执行过程中由于主观偏好不同而有所差异，而且在利益范围和内容的设定上也并非确定无疑。建构主义者强调，国家利益是在国际社会关系网络中通过社会互动建构的，因此国家利益的设定和实现，是在国家进入国际社会的过程中习得的，国际规范和制度可以重塑国家对自身利益的认识。

第二，理性的自我超越：公共理性的挑战。在理性选择的分析框架下，国家是以个体利益为出发点进行理性计算的，而不以追求总体利益最大化为行为目标；因此，在其自我利益实现过程中往往忽视对整体利益的考量。

在全球化时代的世界政治中，国家需要"公共理性"约束个体利益最大化的行动。国家在追求合理的国家利益同时，也需要关注他国的利益和人类普遍利益，追求更加合乎人类整体利益的国家行为。利益最大化的界限在于，人们只能在不损害他人利益和社会利益最大化的合理范围内，实现各自利益的最大化。

第三，道义的普遍原则：全球伦理的挑战。“国家利益最大化”是基于功利主义国家伦理的观念，片面强调国家利益至上、而不管他国利益，甚至损害人类普遍利益的实现，忽视了国际公平与正义，忽视了国家对全球人类的道义责任。①

全球伦理伴随全球问题的凸显而产生，其重要性也随着全球问题的加剧而提升。

相比之下，国家治理更容易得到人们的理解与认同；而全球治理则立足于全球的视角，关注的是整个人类面临的公共事务，特别是关涉人类命运与发展的全球性问题。

如果刻意坚持这种差异，忽视对国家治理与全球治理内在关联性的研究，拒绝对两者日益打破界限、融为一体的审视与承认，那就势必导致治理的困境。

全球治理理论是针对国家治理和全球治理的片面性提出的，其理论基点是全球主义。

第四，去中心化的国家正面临全球社会理论的挑战。国家利益和人类共同利益之间存在的分离和冲突日益凸显，随着国家作为个人利益保护者的角色在全球化中的弱化，国家和人的安全保护存在张力，甚至是一定程度的撕裂，以保护个人权利为目的的国家反而成了吞噬个体权利的工具，手段背离了目的。

在全球时代，以国家为中心的治理方式需要去中心化。国家需要回归国家的公共服务和社会治理职能，让人类公共利益成为最根本的价值出发点。而国际社会多元行为体对人类不同层面利益的关注会给国家利益的建构和执行带来巨大的压力，甚至形成身份认同上的竞争，不能提供善治的国家面临被公民抛弃的可能，国家主权的核心要素同时遭受来自国家内部

---

① 刘彬、蔡拓：《“国家利益最大化”的反思与超越》，《国际观察》2015 年第 4 期。

的挑战。①

四、国家利益最大化的现实困境

理想很丰满，现实却很骨感。在现实世界，国家利益最大化理想遭遇到了众多的困境：

一是领土争端的困境。国家在包括海洋在内领土主权问题上的僵持和争端，直接影响到国与国之间的信任和合作，尤其是领土争端双方都采取扩张性的行为维护其领土利益时，更容易迎头相撞，直接导致在其他领域合作的停滞，甚至倒退。领土主权的共管和分享能够成为解决此类问题的新思路，而固有的国家利益最大化的理念则在解决领土与主权争端方面受到了很大的挑战。

二是安全追求的困境。国家利益最大化意味着国家维护利益的成本也需最大化。收益与成本、权力与责任这两对关系具有对等性，谋求最大的利益意味着需要付出最大的成本；享有最多的权力意味着承担最大的责任。片面追求一国的绝对安全将导致大国间的军备竞赛，造成整体的不安全。即使是单一霸权形成的安全格局，由于霸权维护成本的增加，霸权也终将走向衰落。国家应意识到国家安全具有相互性，对可能出现的冲突建立危机管理制度，以规避战争。安全利益最大化的理念必须建立在共同安全观的基础上，建立大国协调和安全互信机制将是处理当前国家，尤其是大国关系的趋势。

三是国家利益的流散。国家利益的流散与多元化主要体现在：一方面，对国家利益的关注从传统政治、安全利益流散到经济、社会利益，于是技术、金融、保险等因素成为国际社会一体化的重要助推力量，这些因素超越了国家权力的边界，在全球市场中进行分配和重组；另一方面，全球化的过程使得权力和利益从国家流向其他行为主体。

国家利益的多元化和利益实现主体的多样化，让国家难以评估国家对国家利益的选择和判断是否实现了最大化，甚至难以控制国家利益最大化的实现过程。

---

① 刘彬、蔡拓：《“国家利益最大化”的反思与超越》，《国际观察》2015 年第 4 期。

四是全球公共问题的兴起。全球公共问题的兴起对单一国家治理提出了巨大的挑战，全球公共问题的治理需要在地方、国家、区域和全球多个层面，从经济、社会、环境等多维度来综合考量、解决。一方面，全球公共问题的兴起，促使国家改变处理社会公共问题的国家主义方式，转向倡导合作政治。合作政治需要国家间利益的妥协，社会间的互助。另一方面，全球公共问题的兴起，促使人类重新思考国家利益与人类整体利益之间的关系。

五是保护的责任（R2P）所彰显的普遍道德实践。人道主义危机的升级促使国际社会进一步反思人类的普遍责任。普遍保护责任必须超越国家利益的狭隘观念，通过对人的基本权利给予保护来实现人类的整体利益。

保护的责任目的是“确立负责任的主权，而不是削弱主权”，体现了对国家主体和主权的充分尊重。对于国际社会而言，这不仅是公共理性的诉求，也是全球伦理的规范性约束。它不是出于国家利益的需要，也是无法用国家利益最大化理念来进行解释的。①

五、倡导理性的国家利益

其一，坚持全球主义观下的国家主义，抵制国家主义的诱惑。

坚持全球主义观下的国家主义，首先，就是要明确全球治理的精髓是强调价值与理念的全球性，从而坚持全球主义的理念与价值；其次，全球治理的全球主义导向势必要求制度与机制设计的超国家导向，也就是说要突破现有国际机制仅仅立足于国家的陈规和习惯，着眼于全球性事务与关系的制度设计，以克服当下全球治理制度的不适应性现状。

其二，倡导有效、合理的国家利益观，反思国家利益最大化的理念。

国家利益最大化理念的依据，首先来自于经济人理性的假设，其次来自于现实主义的权力与利益观。这种政治学说和理念，对内将国家凌驾于个人权利、利益和要求之上；对外则习惯于以对抗性思维分析和处理国际事务，片面追求本国利益的最大化。

因此，需要倡导的是有效、合理的国家利益观，在有效维护本国合理

---

① 刘彬、蔡拓：《“国家利益最大化”的反思与超越》，《国际观察》2015 年第 4 期。

利益的同时，寻求人类共同利益。[①]

提倡多元合作的治理、坚持多边主义的开放治理体系、强调基于规则的治理路径，这是一个大方向，并且是一个正确的方向。

第三节　全球治理与国家治理的良性互动

国际社会应努力实现并大力倡导全球治理与国家治理的良性互动。一方面，要借助全球治理深化国家治理。从治理对象的角度，全球治理会内化为国家治理；从治理的机制与制度的角度，全球治理规范国家治理；从治理的价值与理念的角度，全球治理引领国家治理；从治理的利益导向的角度，全球利益与国家利益交织并举。另一方面，要依托国家治理推进全球治理。[②] 价值观念体系的现代化，决定对全球治理的认同度与参与热情；权威决策体系和行政执行体系的现代化，制约在全球治理中的政治作用与国际影响力；经济发展体系的现代化，影响参与和主导全球经济治理的力度；社会建设体系的现代化，助推社会力量走上国际舞台，参与全球治理。[③]

当前，全球治理在局部达成了一致，取得了“阶段性成果”。全球治理主要处理五大类问题：防止战争与化解冲突，应对气候变化，防治大规模传染性疾病（如“非典”、埃博拉、禽流感、新冠肺炎）及应对突发公共卫生事件，维护国际金融体系稳定、保障开放的国际贸易体系。相比之下，促进经济社会发展、保障民生、提供公共服务，这些问题与全球治理有密切联系，但不是全球治理的重点内容，而是国家治理的责任。从另一角度看，当前全球治理所涉及的问题，大多不以地缘政治为断层来划线，这些问题体现的是人类生存、发展的基本需要，相互关联性、普遍性强；同时，它的政治属性、主权属性相对较弱，各方更容易在这些问题上取得共识，更容易产生合作而非对抗。世界正处百年未有之大变局，形势复杂严峻，不确定性增大，风险挑战增多，全球治理需要处理的问题越来越

---

① 蔡拓：《中国如何参与全球治理》，《国际观察》2014 年第 1 期。

② 蔡拓：《全球主义观照下的国家主义——全球化时代的理论与价值选择》，《世界经济与政治》2020 年第 4 期。

③ 蔡拓：《中国参与全球治理的新问题与新关切》，《学术界》2016 年第 5 期。

多，需要排出优先顺序。

考察各国发展战略，其全球治理的优先排序各有不同。联合国安理会的优先事项是防止战争、化解冲突、实现和平，这也几乎是所有国家的优先项。此外，国际社会还普遍面临减贫、减赤等重大挑战，联合国继千年发展目标之后，又制定了2030可持续发展目标。在这些问题上，各国赋予的优先级差别不大；但是在更多的问题上，各国的分歧明显存在。比如，气候变化议程是欧洲的战略优先项目。欧洲一直自认为是全球绿色发展的领先者，也是气候变化议程的坚定倡导者、引领者。欧洲社会高度发达，延续发展存在资源瓶颈，向绿色发展全面转型是其必然选择，气候变化议程关乎欧洲生死攸关。气候变化议程在美国战略排序中则反复不定。美国资源富饶，有充分的回旋余地。美国更倾向于将气候变化议程当成大国博弈的一张牌。另外，移民和难民问题也是欧洲的优先议程，叙利亚难民给欧洲带来巨大现实压力，但长远看，非洲移民才是欧洲社会面临的最大挑战。在美国则不然，虽然美国也面临拉美移民带来的挑战，但压力比欧洲小得多。

开放的贸易体系对于欧洲的重要性也强于美国。在美国政策调整、挑战国际秩序、退出甚至破坏多边体制的情况下，欧洲不得不选择坚持多边原则。欧盟本身就是地区多边主义的产物，未来，欧洲将成为多边秩序的主要倡导者、维护者。美国的全球治理优先项首推全球金融稳定。美元是世界最主要的价值工具，全球金融稳定、市场稳定是美国的根本利益所在。全球金融治理也一直由美国主导；维护自由贸易和多边秩序曾经是美国的优先项，但是，2008年以来的国际金融危机不是经济全球化发展的必然产物，而是金融资本过度逐利、金融监管严重缺失的结果。把困扰世界的问题简单归咎于经济全球化，既不符合事实，也无助于问题解决。①

欧盟可谓全球治理论者一直称道的区域。一体化在欧洲树立的典范，也是目前全球范围内一体化程度最高的地区。西欧国家有相似的文化传统，建立民族国家后，不断的战乱冲突驱使它们产生强烈的合作愿望；二战后，西欧国家普遍衰落，这些因素的综合作用，使得欧洲从《罗马条

① 习近平：《共担时代责任　共促全球发展——在世界经济论坛2017年年会开幕式上的主旨演讲》，《人民日报》2017年1月18日，第3版。

约》开始的一体化进程得以逐步推进。可见，其形成的历史背景是有其特殊性的，并不能就此推断它具有普世性。历史再一次证明，此种经验不但尚未能“普世”，而且自身的发展也举步维艰。随着一体化建设的深化，欧盟内部存在的深层次矛盾不断暴露。欧盟是由民族国家组成的政治经济集团，维护各自国家的利益和主权仍是成员国的首要选择。经过长时间谈判制定出来的《欧洲宪法条约》意味着成员国需要让渡更多的主权给欧盟，必然涉及不同国家的利益，而欧盟的扩大加深了老新成员的矛盾，这是欧盟陷入困境的根本原因所在。另一个突出例子是西方七国集团，目前它已无法有效协调世界经济政策以及应对暴力冲突、恐怖主义、贫困等其他全球挑战，它存在的必要性也随着功能的衰退而大为降低。①

全球化时代，人类社会生活的全球相互依存，已经开始把全球现象、全球问题、全球价值等新元素融入世界历史，人类已不可能再局限于领土国家之内应对生存挑战，推动社会进步，实现可持续发展。因此，传统国家主义、国际主义不可能作为全球治理的价值基点。

国家主义和国际主义对国家的崇拜、对中心的崇拜、对权力的崇拜，根本无法适应全球化时代所面临的复杂、多元、多层次并相互交织的人类公共事务，而且植根于国家主义价值的各种制度、规范与组织，在全球性的公共事务面前也大都力不从心，② 甚至丧失了部分效用。

近年来，冷战后一度形成的全球性“政治趋同”不复存在，对合作发展的政治共识正在瓦解，大国关系日趋紧张，竞争态势加剧。近年来，各国间商品的交易受到限制，关键产品要自给自足；对手资本的运用被视为带有恶意；技术领域正展开封锁与反封锁。在政治共识瓦解、战略对抗上升的背景下，贸易、资本、技术、伙伴、规则不再中立，美国内外政策发生重大变化，美国对全球化和多边体制的态度发生重大变化，美国自认为在本轮全球化带来的竞争中输给中国等新兴经济体，美国需要调整自己的政策，减少对自由贸易和多边体制的支持。加上其他因素干扰，当前全球治理陷入低潮。

为实现国家治理与全球治理的良性互动，必须坚持全球主义，警惕国

---

① 陈承新：《国内“全球治理”研究述评》，《政治学研究》2009 年第 1 期。

② 蔡拓：《全球治理的反思与展望》，《天津社会科学》2015 年第 1 期。

家主义。

全球主义是一种区别于国家主义的世界整体论和人类中心论的文化意识、社会主张、行为方式。

全球主义视野下的全球治理在理论上强调两点：一是审视当代国际事务必须要有全球视野、全球观念；二是参与治理的主体，必须从传统国家行为体扩展到非国家行为体，即包括政府间国际组织、非政府间国际组织、跨国公司、跨国倡议网络等多元行为体。① 全球治理的理论精髓正是全球主义在全球治理中的体现，反映了全球主义的价值追求和理念。具体而言，要注意以下几点：

1. 借助全球治理，深化国家治理

（1）从治理对象上讲，全球治理会内化为国家治理；

（2）从治理的机制与制度上讲，全球治理规范国家治理；

（3）从治理的价值与理念上讲，全球治理引领国家治理；

（4）从治理的利益导向来看，全球利益与国家利益交织并举。

2. 依托国家治理，推进全球治理

（1）价值观念体系的现代化决定对全球治理的认同度与参与热情；

（2）权威决策体系和行政执行体系的现代化制约在全球治理中的政治作用与国际影响力；

（3）经济发展体系的现代化影响参与和主导全球经济治理的力度；

（4）社会建设体系的现代化助推社会力量走上国际舞台，参与全球治理。

总之，现行全球治理体系的合理性与不公正不合理之处同时存在。要坚持国家治理与全球治理的统一，努力实现全球治理与国家治理的良性互动。当前，迫在眉睫的任务不少，比如：（1）改革不合理、不公正的规则（如 IMF）；（2）建立有益的、补充性的机制（如新开行、亚投行）。

---

① 蔡拓：《全球治理的反思与展望》，《天津社会科学》2015 年第 1 期。

第二部分

网络安全篇

当前，人类社会正处于新的历史拐点。大数据和人工智能技术的应用日益突出表现为第四次工业革命的典型特征，第四次工业革命是以指数级而非线性速度展开。

从国际关系和世界秩序变迁的角度来看，第一次工业革命突出表现为商品和技术的输出，技术的传播造成了亚非拉国家当地传统经济结构的崩溃，这些国家被动卷入了全球资本主义经济体系并逐步沦为资本和技术的附庸。第二次工业革命主要以工业和金融资本的扩张为主旋律，现代资本主义经济体系通过资本对劳动的剥削得以最终形成，世界按照资本竞争集团被划分为大大小小若干个经济和政治势力范围。第三次工业革命主要体现为信息技术的进步和世界各国信息高速公路的建设，其实质是各国对生产流程的控制和生产自动化程度的竞争，数字鸿沟的扩大无疑进一步加深了全球经济秩序中的南北差距。总体来说，前三次工业革命主要着眼于物的改造和使用，重在将人从繁重的体力劳动中解放出来并促进社会生产力的规模化提升。

相较于前三次工业革命，第四次工业革命主要以信息的聚合、传播、使用和分享为特征，初衷是致力于人脑的解放与深入了解人类的自身行为，终极目标是人类思维方式的改变并重塑人作为社会存在的基本价值。就此而言，数据驱动型新经济形态主要着眼于信息的融通、开放和可获得，其价值理念是信息的分享和发展成果的普惠而不是固步于有限资源的控制、垄断和争夺。在第四次工业革命之后，人类社会将真正迈入万物互联、人机互动的智慧时代，届时人人贡献信息、人人分享信息、人人可以从万物互联和数据释放中获取发展红利。

人工智能、量子技术和生物技术仍是今后一段时期全球科技发展的三大领域，而万物互联的全联网则是人类生产生活的新空间。

概言之，第四次工业革命的实质是连接与计算，其目标是通过社会系统中的信息聚合来实现资源优化配置、改善生产和流通环节，并最终促进社会福利提升和社会进步。正因如此，第四次工业革命不同于前三次工业革命，它以实现全球互联互通和信息共享为价值追求，在此基础上所产生的全球秩序也必将迥异于传统资源控制型秩序，共商共建共享或将成为新秩序的代名词。考虑到现代社会的维系和运行越来越朝向以满足个性化需求为目标，未来全球秩序的形成必将以数据使用为基础、以个性化服务竞争为焦点而展开。

与前三次工业革命执着于人力解放不同，第四次工业革命主要以万物连接和信息计算为使命，重在释放蕴藏于万物互联之中的数据价值，它为全球秩序变迁所带来的不仅是新经济和新政治力量的崛起，同时也裹挟着诸多新问题的产生和新治理理念的创新。

当今世界，信息技术创新日新月异，数字经济发展活力迸发，极大改变了人们的生产生活方式，引领人类进入信息时代、数字世界。基于大数据的互联网是一个神秘而无限延展的空间，其开放、虚拟、共享、交互等特征，一方面给人类带来文明、进步，另一方面也酿成恐怖、灾难。

在这个充满安全变数和现实风险的世界，网络已成为不同力量乃至国家间角力的新战场。互联网作为第五空间，对国家安全具有战略意义，没有网络安全就没有国家安全。防范网络风险、谋划网络安全大格局就成了考量治理国家智慧的一块试金石。

全球网络安全形势不容乐观。随着互联网在各个领域的广泛应用，网络安全威胁日益凸显。例如，2015 年 4 月，法国电视五台遭到黑客组织大规模的网络攻击。目前，全球有大量智能硬件设备接入互联网，如果被黑客控制，后果不堪设想。此外，各种恐怖主义组织、极端宗教组织与民族分裂势力也利用网络空间窃取国家机密、散布谣言、煽动民族分裂，网络犯罪活动十分猖獗。①

网络空间不是“法外之地”，依法治理网络是主权国家和世界安全的必然要求；网络主权是全球互联网治理体系的基石，是传统主权在网络空间的自然延伸；网络主权的核心，是各国自主选择网络发展道路、网络管理模式、互联网公共政策和平等参与国际网络空间治理的权利；要反对网络霸权，必须先确立网络主权；网络空间不应成为各国角力的战场；尊重各国在网络空间的主权，坚决反对网络攻击、网络窃密等一切形式的网络犯罪行为，坚决反对利用技术优势或提供产品服务等便利条件收集用户数据、窃取用户隐私、控制用户系统，坚决反对网络军备竞赛和网络霸权主义；“维护网络安全不应有双重标准”，欧美国家所传递的互联网自由优于

---

① 匡文波、童文杰：《携手共建网络空间命运共同体（治理之道）》，《人民日报》2017 年 6 月 1 日，第 7 版。

网络安全的价值观，同中国强调网络安全的态度形成了对比；各国应坚持同舟共济、互信互利的理念，摒弃零和博弈、赢者通吃的旧观念，推进互联网领域开放合作，搭建更多沟通合作平台，创造更多利益契合点、合作增长点、共赢新亮点。只有各国拥有平等的网络主权，共享共治的良好格局才能形成。

第三章　互联网治理与网络安全

互联网作为20世纪最伟大的发明之一，凭借其特有的逻辑结构和信息优势，发展日新月异，对国际政治、经济、文化、社会、军事等领域的发展产生了深刻影响。如今，互联网已经融入社会生活方方面面，深刻改变了人们的生产和生活方式；互联网的发展与全球化相互促进，具有高度全球化的特性，把世界变成了“地球村”，全世界范围内实现了网络互联、信息互通，有力推动着人类社会的发展。

自冷战结束以来，以互联网为典型代表的信息技术革命突破了地缘政治边界的约束，在全球范围实现了高速的拓展与增长，并最终促成了一个人类活动的第五疆域，即全球网络空间的形成与巩固。截至2021年1月，全球网民数接近50亿，大约占总人口数的63%；而根据最新的中国互联网发展情况报告，中国网民数已逼近10亿。从整体看，以互联网为代表的通信信息技术正日趋与人们的工作和生活相融合，对人类社会带来了巨大的冲击，也提供了空前的发展机遇与近似无穷的想象空间；在此背景下，全球各国都共同面临机遇与挑战并存的局面：如何保障网络空间安全，确保关键基础设施处于安全状态；如何规范管理和妥善使用网络空间的各项战略性的资源；如何将现代通信信息技术与国家的经济生产以及治理实践有效的结合起来，为国民经济发展注入新动力，为现代治理能力及其体系的建设与完善提供至关重要的支撑与帮助；如何为这些问题找到答案，并形成可复制、可学习、可推广的有效实践模式，成为了各方，包括国家与非国家，必须共同思考并采取有效共同行动的关键问题。

第一节　互联网治理：网络空间的全球治理

网络的低成本性、虚拟性、跨国性等特点，在根本上决定了网络治理需要全球性的努力。

互联网治理是“通过政府、私营部门和市民社会各尽所能，来发展和应用共同的原则、守则、规则、决策程序和项目，来影响互联网的进化和应用”。[①] 围绕美国主导互联网关键性资源（根服务器、域名分配权等）的问题，许多国家和国际组织展开了长期的谈判和斗争，但一直未取得根本性的突破；而随着互联网的迅速发展，其安全性、开放性、多样性等在世界范围内都面临着日益严峻的挑战。为了协调各国的利益立场、组织和动员各方的力量、开展广泛和深入的对话，联合国于2006年发起并召开了一系列的互联网治理论坛（Internet Governance Forum，IGF），成为近年出现的一种新型国际对话机制和深受各国关注的全球治理领域的重要组成部分。[②]

联合国互联网治理论坛是一个让不同利益攸关方能够作为“平等者”坐下来讨论与互联网治理有关的关键性要素的公共政策问题，以形成“互联网的可持续性、活力、安全、稳定和发展”的平台。[③] 互联网治理论坛正在形成的一项共识是：应对网络犯罪、网络安全、隐私和开放性问题，是所有利益攸关方共同的责任；必须通过多方利益攸关方的合作、对话和伙伴关系，以共同分担责任的精神来实现。而普遍的共识是：互联网治理论坛应该确定总体发展方向，应该将能力建设作为一项跨领域的优先事项。[④]

联合国互联网治理论坛被认为是多种利益相关者参与互联网治理的唯一真正具有全球性和民主性的论坛，可谓具有创意的全球决策新渠道。通过为多边利益攸关方提供讨论的空间，它使政府、私营部门、市民社会、科技界和学术界就与互联网新兴的公共政策问题获得了一个独一无二的、自下而上地制定政策的机会。因此，应加强这一论坛，使它更加有效，并且能够充分完成突尼斯任务的各个方面。[⑤]

互联网运行包括资源分配、协议标准及规则的制定。正如现实物理世

---

① 《信息社会突尼斯议程》，2003年，第34段。

② 王孔祥：《国际化的“互联网治理论坛”》，《国外理论动态》2014年第1期。

③ 同上。

④ 同上。

⑤ 同上。

界的运行需要分配和消耗自然资源，虚拟的互联网世界运行，也需要分配和消耗虚拟资源，比如 IP 地址和域名等。① 而这些几乎都掌握在为西方所控制的一些国际性机构手中。②

表 3－1　主要全球互联网运行组织功能分布）③

	建议	社区协议	教育	运行	政策	研究	标准	服务
IAB	√	√			√	√	√	
ICANN		√		√	√			√
IETF		√			√		√	
IRTF						√		
ISO							√	
ISOC		√	√		√			√
RIRs				√	√			√
W3C							√	
INOG	√			√				√

当前，全球范围的互联网主要由以下机构运行、维护，④ 其功能性质参见表 3－1。

1. 互联网名称与数字地址分配机构（ICANN）

负责在全球范围内对互联网唯一标识符系统及其安全稳定的运营进行协调，包括互联网协议地址的空间分配、协议标识符的指派、⑤ 通用顶级域名以及国家和地区顶级域名系统的管理、根服务器系统的管理。管理团

① ［美］劳拉·德拉迪斯：《互联网治理全球博弈》，覃庆玲、李慧慧译，北京：中国人民大学出版社 2016 年版，第 39 页。

② 支振锋：《互联网全球治理之道》，《法治与社会发展》2017 年第 1 期。

③ See “who runs the Internet?” http：//xplanations. com/whorunstheinternet/。（上网时间：2016 年 3 月 25 日）

④ http：//www. edu. cn/agencies_7959/20090320/t20090320_367117. shtml。（上网时间：2016 年 3 月 25 日）

⑤ 支振锋：《互联网全球治理之道》，《法治与社会发展》2017 年第 1 期。

队由国际互联网协会（ISOC）成员组成；工作人员来自全球多个国家，但以美国人为多数。该机构最初职能由美国政府交由美国 NSI 和 IANA 管理，后美国商务部宣布其对该项职能有管理权；① 由于各国反对，成立民间非盈利公司 ICANN，2009 年获准独立于美国政府之外。2016 年 10 月 1 日，美国商务部实现了将互联网唯一标识符的协调和管理权移交至私营部门。②但 ICANN 是否能真正摆脱美国政府的控制，仍然有待观察。③

2. 五大地区性互联网注册管理机构（RIRs）

负责分配和注册本地区互联网数字资源，承接 ICANN 的分配，向经济体分配 IP 地址和自治域（AS）号码等。会员单位包括 ISP、国家（或地区）互联网注册管理机构（NIR）等互联网组织。性质为非营利性的会员组织。④

3. 国际互联网协会（ISOC）

旨在为全球互联网的发展创造有益、开放的条件，并就互联网技术制定相应的标准、发布信息、进行培训等。此外，ISOC 还积极致力于社会、经济、政治、道德、立法等能够影响互联网发展方向的工作。理事由全球各地区挑选出的互联网杰出精英构成。性质为非政府、非营利的行业性国际组织；总部设在美国。“ISOC 是世界互联网政策、技术、标准以及未来发展的可信独立的领导力量。”⑤

4. 因特网架构委员会（IAB）

定义整个互联网的架构和长期发展规划，进行技术监督和协调，任命

① 支振锋：《互联网全球治理之道》，《法治与社会发展》2017 年第 1 期。

② 同上。

③ 同上。2016 年 10 月 1 日，互联网名称与数字地址分配机构（Internet Corporation for Assigned Names and Numbers，ICANN）和美国商务部国家电信和信息管理局（United States Department of Commerce National Telecommunications and Information Administration，NTIA）之间订立的执行互联网号码分配机构（Internet Assigned Numbers Authority，IANA）职能的合同现已正式到期。这一历史性的时刻标志着自 1998 年以来一直推进的将互联网唯一标识符的协调和管理移交至私营部门的流程正式结束。https：//www. icann. org/news/announcement－2016－10－01－zh。

④ ［美］劳拉·德拉迪斯：《互联网治理全球博弈》，覃庆玲、李慧慧译，北京：中国人民大学出版社 2016 年版，第 57—59 页。

⑤ Internet Society Mission Statement，URL（last accessed July 17，2012），http：//www. internetsociety. org/who－wei－are.

和监管各种与因特网相关的组织。成员由国际互联网协会（ISOC）的理事进行任命，成员由国际互联网工程任务组（IETF）参会人员选出，由国际上来自不同专业的15个志愿者（专业研究人员）组成。该机构系由1979年美国国防部及其高级研究计划局所创建，1992年隶属ISOC，从美国政府实体变成国际公共实体。①

5. 国际互联网工程任务组（IETF）

负责互联网相关技术规范的研发和制定。由专家自发参与和管理，并向所有对该行业感兴趣的人士开放。该机构隶属于ISOC，具有开放性的国际性民间组织。②

6. 互联网研究专门工作组（IRTF）

由IAB授权和管理。分为多个小组，分别对不同的互联网技术问题进行理论研究。③

7. 国际标准化组织（ISO）

在世界范围内促进标准化工作的发展，以利于国际物资交流和互助，并扩大知识、科学、技术和经济方面的合作，主要任务是制定国际标准，协调世界范围内的标准化工作，与其他国际性组织合作研究有关标准化问题。参加者包括各会员国的国家标准机构和主要公司；最高权力机构是ISO全体大会，所有ISO团体成员、通信成员、与ISO有联络关系的国际组织均派代表与会。性质上属于全球性非政府组织。④

8. 万维网联盟（W3C）

致力于Web的广泛使用，研究和制定互联网开放平台及无线互联网技术等相关的国际互联网网络标准。该机构由Web的发明者Tim Berners - Lee及W3C的首席执行官Jeffrey Jaffe领导，由设立在美国麻省理工大学、欧洲数学与信息学研究联盟、日本庆应大学和中国北京航空航天大学的四

① 支振锋：《互联网全球治理之道》，《法治与社会发展》2017年第1期；［美］劳拉·德拉迪斯：《互联网治理全球博弈》，覃庆玲、李慧慧译，北京：中国人民大学出版社2016年版，第77页。

② 支振锋：《互联网全球治理之道》，《法治与社会发展》2017年第1期；See http：//www. ietf. org，last visited at Dec. 5，2016.

③ 同上。

④ 同上。

个全球总部的团队联合运营。性质属于作为欧洲核子研究组织的一个项目发展起来的国际中立性技术标准机构。①

9. 互联网运营者联盟（INOG）

讨论和影响与互联网运行有关的事务，其成员主要包括互联网服务提供方和互联网交换机中心等。②

上述九大机构，以及其他一些相关机构主要为互联网本身的运行提供技术支持，使得互联网能在全球搭建起来并稳定运作。伴随着各国对互联网的使用以及渐趋形成的生活互联网化，出现了一些互联网衍生问题或互联网化的生活问题，全球互联网利益主体在彼此之间不断寻求关系性解决。这些机构或组织主要掌控的是全球互联网关键基础设施以及技术层面的标准或协议，是全球互联网治理的核心和基础方面。然而，分析这些组织的成员构成，尤其是其领导性机关或成员，可以发现它们主要掌控在以美国为首的西方国家手中。③

其中，地位最为关键的互联网名称与数字地址分配机构，是互联网正在改变公众和政府间关系的最显著、最重要的表现形式之一，也是最体现当今互联网全球治理特点的机构。它最初的制度设计，革命性地背离了全球治理的传统方法，大幅度地削减了国家政府和现存的有关通信与信息政策政府间组织的权力。因此，它被描述为对于解决全球治理问题的一种霍布斯式的解决方法，一个国际版本的利维坦。④

当然，互联网的全球治理架构并不限于此。实际上，亚太经济合作论坛（APEC）、东南亚国家联盟（ASEAN）、欧洲理事会（COE）、欧洲联盟（EU）、事件响应和安全团队论坛（FIRST）、七国集团（G7）、电气电子工程师协会（IEEE）、国际电信联盟（ITU）、互联网治理论坛（IGF）、国际刑警组织（ICPO）、Meridian 进程、北大西洋公约组织（NATO）、美洲

---

① 支振锋：《互联网全球治理之道》，《法治与社会发展》2017 年第 1 期。See http://www.ietf.org, last visited at Dec. 5, 2016.

② 同上。

③ 支振锋：《互联网全球治理之道》，《法治与社会发展》2017 年第 1 期。

④ 支振锋：《互联网全球治理之道》，《法治与社会发展》2017 年第 1 期。［美］弥尔顿·L. 穆勒：《网络与国家：互联网全球治理的政治学》，周程、鲁锐、夏雪、郑凯伦译，上海：上海交通大学出版社 2015 年版，第 72—73 页。

国家组织（OAS）、经济合作与发展组织（OECD）等政府间国际组织（IGO）或国际非政府间组织（INGO），都在某种程度上扮演与国际互联网运行相关的角色。①

在互联网治理的国际合作领域，也开始出现一些新的迹象，尤其是区际的专门性互联网合作。在一些事关两国或多边利益的互联网问题上，各国与各地区之间开展了小范围的对话，就相关问题达成共识、形成规则、确立工作机制，以实现主体间的共同利益。典型的如2015年中美互联网论坛达成6项互联网问题治理成果，覆盖贸易通信、知识产权等领域；并于之后的两国安全机关对话会中在网络安全执法合作议题上形成《打击网络犯罪及相关事项指导原则》。②

还有其他领域治理中因涵摄互联网问题而形成的协议。互联网对生活世界的渗透与融合，使得很多传统领域与互联网问题难分彼此，传统治理被互联网所重塑。目前国际互联网全球治理机构由以美国为首的西方国家所掌控的事实并未有根本改变。

第二节　网络安全的全球治理

科技革命是推动人类社会前进的加速剂和催化剂。互联网的问世恰逢全球化，信息技术的广泛应用，在经济、科技、政治、教育、军事等各领域产生了巨大的放大效应和乘数效应，网络空间的重要性处于上升趋势。随着网络空间的发展，国家关键基础设施的各个方面，如食品农业、公共卫生、应急服务、国防、能源交通、财政金融等都依赖于网络空间，网络空间的安全风险骤然凸显。

网络安全是互联网治理领域的一个重要问题。网络安全是一个系统的概念。根据国际标准组织（ISO）的界定，计算机网络安全是指："保护计算机网络系统中的硬件、软件和数据资源不因偶然或恶意的原因遭到破

---

① 支振锋:《互联网全球治理之道》,《法治与社会发展》2017年第1期；United States Govement Accountability Office, "Cyberspace: United States Faces Challenges in Addressing Global Cyberspace and Governance (July 2010)," http://www.gao.gov/assets/310/308401.pdf. Last visited at Dec. 5, 2016.

② 支振锋:《互联网全球治理之道》,《法治与社会发展》2017年第1期。

坏、更改、泄露，使网络系统连续可靠地正常运行，网络服务正常有序。”对网络安全构成危害的行为种类繁多，“既可以是直接的物理性攻击行为，也可以是通过网络实施的损害互联网安全性、稳定性、可访问性和可信性的行为”。[①] 它主要包括实体安全、软件安全、信息安全和运行安全等几个方面。[②] 网络安全隐患的特点包括低成本性、虚拟性（隐秘性）、跨国性等。随着互联网应用的普及和升级，网络安全问题也越来越复杂，形势越来越严峻，并且超出各国独力应对的范围，迫切需要开展相应的国际合作。

网络安全是指为保护网络基础设施、保障安全通信以及对网络攻击所采取的措施。尽管“网络安全”（cyber security）一词几乎和“安全”一样是个广泛而又模糊的概念，涉及与互联网技术相关的个人隐私的完整性、关键基础设施的安全、电子商务的畅通、军事威胁以及知识产权的保护等等，[③] 但国际电信联盟对于“网络安全”的界定得到了国际社会的基本认同，国际电信联盟将“网络（空间）安全”定义为“工具、政策、安全概念、安全保障、指导方针、风险管理办法、行动、训练、最好的实践、保障措施以及技术的集合，这一集合能够被用于保障网络环境，以及其组织和用户的财产。组织和用户的财产包括相互链接的计算设备、个人计算机、基础设施、应用、服务器、通信系统，以及所有在网络环境里存储或传输的信息的综合。网络安全旨在实现并维护组织和用户资产在网络空间的安全属性，反击网络环境中相关的安全风险。安全属性包括可用性、可信度（包括真实性和不可抵赖性）以及保密性”。[④] 简言之，就是用于保障网络环境，以及其组织和用户的财产关于互联网运用的技术与制度观念的集合。

网络安全作为全球公共产品的基本属性，是国际社会对网络安全进行全球治理的核心理论预设。需要各国一道努力，成果为各国人民所共享。

---

① 薛虹：《以法律手段维护互联网安全》，《光明日报》2012 年 6 月 15 日，第 2 版。

② 王孔祥：《网络安全的治理路径探析》，《教学与研究》2014 年第 4 期；李静：《计算机网络安全与防范措施》，《湖南省政法管理干部学院学报》2002 年第 1 期。

③ 汪炜：《新加坡网络安全战略解析》，《汕头大学学报（人文社会科学版）》2017 年第 2 期。

④ 沈逸：《美国国家网络安全战略的演进及实践》，《美国研究》2013 年第 1 期。

网络安全作为一种全球公共产品面临着合法性危机。

1. 网络资源所有权争议带来的合法性危机；

2. 网络安全治理中的双重标准和区别对待带来的合法性危机；

3. 以维护本国网络安全为由，掩护他国网络服务企业、干预自由市场竞争给网络安全治理带来的合法性危机；

4. 存储数据的不合理利用可能带来安全隐患。

以上特点表明，治理网络安全问题，需要全球合作与对话，建立多边对话机制。

2015 年 7 月，联合国《关于从国际安全的角度看信息和电信领域的发展政府专家组》公布了第三份关于网络空间国家行为准则的报告。这份报告在保护网络空间关键基础设施、建立信任措施、国际合作等领域达成了原则性共识。

世界各国虽然国情不同、互联网发展阶段不同、面临的现实挑战不同，但网络无国界，各国推动数字经济发展的愿望相同、应对网络安全挑战的利益相同、加强网络空间治理的需求相同；网络空间是全球治理的新疆域，各国应该防范网络风险、助推网络安全，深化务实合作。世界互信共治十分必要：讲主权、讲规则、讲责任；以共进为动力、以共赢为目标，走出一条互信共治之路，让网络空间命运共同体更具生机活力。①

第三节　网络安全仍停留在国家治理的层面

正如全球治理是对国家治理的补充和完善一样，网络安全也首先是各国的内政，取决于各国自身的科技、经济、社会等发展水平和能力。国际社会现有的网络安全资源尚不足以使每个国家都实现网络安全，网络安全的全球治理机制和能力还需要大力加强和完善。

一、“数字鸿沟”

尽管互联网问世已经超过半个世纪，但全球仍有不少国家的网络基础

① 《中国信息安全》编辑部：《2018 年习近平总书记的网信印迹》，《中国信息安全》2019 年第 1 期。

设施严重滞后，有数以十亿计的个人甚至买不起电脑、手机，从而不能加入全球互联网、不能分享网络时代的信息和红利。

发展的主题，要求互联网用于促进发展，消弭“数字鸿沟”。旧的全球治理体系以资本和大国为中心，而把边缘地带的弱小国家和贫穷国家都当作地缘政治博弈、资本主义经济发展的牺牲品。目前，互联网领域发展不平衡、规则不健全、秩序不合理等问题日益凸显；国家和地区间的“数字鸿沟”不断拉大；治理困境、公平赤字等问题客观存在。[①] 网络空间正在形成某种新的中心——外围式的格局。占据技术优势的北方国家处于中心位置，提供基础设施与服务，处于技术与能力劣势的南方国家处于外围位置，被动使用互联网，数据从外围流向中心，进一步放大了在工业时代已经存在的南北差距。

全球“数字鸿沟”正在生成与扩大之中。第三次工业革命主要体现为信息技术的进步和世界各国信息高速公路的建设，其实质是各国对生产流程的控制和生产自动化程度的竞争，“数字鸿沟”的扩大，无疑进一步加深了全球经济秩序中的南北差距。

互联互通是网络的本质属性。在新的时代条件下，各国只有依托互联网实现互联互通，才能更好地推进经济全球化，有效增进各国人民福祉，进而构建网络空间命运共同体。各国应加强全球网络基础设施建设，不断推进互联网技术发展与应用创新，缩小和弥合不同国家、地区、人群之间的“数字鸿沟”，实现各个国家共同发展、共同进步；并积极推动双边、区域和国际发展合作，特别是应加大对发展中国家在网络能力建设上的资金和技术援助，帮助他们抓住数字机遇，跨越“数字鸿沟”；在全球范围内促进普惠式发展，提升广大发展中国家和不发达国家网络发展能力，打破信息壁垒，消除“数字鸿沟”，共享互联网发展成果，为有效落实联合国2030年可持续发展议程而提供助力。

中国支持向广大发展中国家提供网络安全能力建设援助，包括技术转让、关键信息基础设施建设和人员培训等，将“数字鸿沟”转化为数字机遇，让更多发展中国家和人民共享互联网带来的发展机遇；并加强对发展

---

① 匡文波、童文杰：《携手共建网络空间命运共同体（治理之道）》，《人民日报》2017年6月1日，第7版。

中国家和落后地区互联网技术普及和基础设施建设的支持援助，努力弥合“数字鸿沟”；推动“一带一路”建设，提高国际通信互联互通水平，畅通信息丝绸之路；搭建世界互联网大会等全球互联网的共享共治平台，共同推动互联网健康发展。[①] 中国发布《网络空间国际合作战略》，呼吁各国重视发展中国家关切，弥合“数字鸿沟”，通过信息通信技术促进持久、包容和可持续的经济增长和社会发展，彰显了中国利用自身技术优势为发展中国家跨越“数字鸿沟”提供力所能及的资助，推动全球数字经济蓬勃发展的决心。

二、各自为政的国家和国家集团

网络能力及网络空间安全的战略地位都很重要。网络能力在其国土安全、情报和军事态势中都具有特殊的重要性。网络空间现在是情报收集、秘密行动、军事对抗，甚至战争的主要领域，网络行动在冲突中、冲突升级、和平时期都是核心，它通常有高度保密性。网络空间对认知与行为、身体能力的控制力越来越大，网络能力深刻影响着战略稳定，尤其是核稳定。网络武器具有巨大的优势，与常规武器相比，网络工具的获取和运行成本更低，能够提供更广的覆盖范围以及更强的经济与军事预测能力。

互联网技术应用不断模糊物理世界和虚拟世界界限，对整个经济社会发展的融合、渗透、驱动作用日益明显，带来的风险挑战也不断增大，网络空间威胁和风险日益增多。

挑战主要表现在三个方面：

其一，跨国犯罪正在利用互联网技术，实现全新的全球化布局与犯罪能力升级，而国际司法合作体系尚无法有效回应这一严峻挑战。除了传统的洗钱、偷渡、贩毒等跨国犯罪活动正在以“互联网＋”的视野进行重组之外，互联网本身也滋生出其特有的高科技犯罪形态，比如黑客攻击、病毒传播、虚拟货币黑市等等。尽管各国司法机关进行了艰苦的努力、斗争，但由于互联网世界的一体性、灵活性、复杂性远远超过各国合作的有

---

① 《国家网络空间安全战略》，百度百科，http：//baike. baidu. com/view/19487543. html。（上网时间：2020 年 9 月 22 日）

效性，这种以碎片状的国家为基点的互联网安全体制仍然存在着严重的失灵。①

其二，日益激烈的国家间竞争、意识形态对立以及文化冲突，让互联网有可能成为虚拟的战场。如果说在现实社会中，人类由于多次残酷的大战还多少积累了一些底线与共识，那么在互联网这样一个全新的领域中，人类的共识还相当有限。一些国家与群体在互联网中的行径，已经严重侵犯了现实中的国际规则与国家主权，甚至丧失了对于人类伦理道德的基本尊重。互联网成为了间谍行为、颠覆行为与极端行为的战场，帝国主义者、霸权主义者、极端主义者与恐怖主义者正在借助自由的名义，对人类社会的基本秩序与价值进行挑战。②

其三，互联网带来的经济机遇正越来越体现出复杂的多面性，过度的贸易自由正在对经济安全提出新的挑战。一方面，“互联网 +”的确能够促进资源的合理配置，打破信息的垄断与不对称，便于交易的频繁发生；但另一方面，互联网经济也严重冲击了许多传统的线下交易模式，加剧了知识产权保护的困境，放大了注意力经济中的泡沫。在这种情况下，互联网的安全已经成为中国与世界各国至关重要的共同利益。③

三、网络安全治理的十字路口

总体来看，全球网络空间治理的原则之争仍然存在，如何实质性地形成有效共识，将在很大程度上影响今后一段时间里全球网络空间治理实践的展开。在网络空间，如果固守单边主义、霸权主义、零和博弈的理念，强调对抗、拒绝合作，则网络安全不仅不可能在世界范围内实现、也不可能在某一个国家境内实现。因为，网络安全是各国共同、整体的安全，一荣俱荣，一损俱损。不承认这一点，只会搬起石头砸自己的脚。

在这方面，中国形成了自己的特色，即“网络安全为人民，网络安全靠人民”。由中国的政治—经济—社会结构所决定的，中国政府必然是为人民服务的；不仅为中国人民服务，而且立志于造福世界人民，网络安全

---

① 储殷：《网络全球治理正在进入中国时代》，《中国信息安全》2016 年第 1 期。

② 同上。

③ 同上。

也是如此。中国在持续地用信息技术造福人民，保障国家安全，促进经济繁荣，维持社会稳定，塑造文化清朗方面不断前行。

自 2015 年开始，中国系统地推进和倡导以尊重网络空间主权平等原则为基础来构架网络空间命运共同体的主张，正日趋凸显出其科学性与先进性，其基本的主张和诉求，也因较为公正全面地照顾了多元行为体的多样化的主张，而日趋为实践所证明是可行且必要的。对中国而言，全球范围内通信信息技术的高速发展，以及网络空间全球治理实践动力的相对不足与匮乏，同时提供了机遇和挑战。遵循习近平主席在网络安全和信息化工作座谈会等会议活动上的重要讲话精神，务实探索一条能够有效造福中国人民，同时为世界人民服务的网络空间治理开辟新路径，遵循互联互通、共建共享共治的基本思路，通过金砖国家等志同道合者的有效协同，持续不断地打造一个安全、稳定和繁荣的网络空间，为建成网络空间命运共同体保驾护航，是中国复兴所必须实现的目标，也是中国人民的历史使命。

第四章　网络安全的成因和现状

互联网最初的设计目的是进行相互交流，实现资源共享。因为最初的用户都是美国的研究人员和在大学中的科学家，他们认为这些用户基本上都是可以信任的，并且用户数量较少，因此，互联网没有设计完整的校验和保密措施。导致互联网遭受攻击的一个重要原因就是 IPV4 的设计缺陷导致 IPV4 从协议到端口存在非常多的漏洞，为现在的互联网留下众多的安全隐患。①

大体而言，互联网的发展经历了三个阶段：

第一阶段基本上是无政府状态，第一代互联网组织在很大程度上控制着重要的互联网资源，而民族国家则处于观望状态。互联网经历了快速而持续的增长。一个开放、透明、自下而上和多方利益相关者的模型发挥了至关重要的作用，支持了自我调节的论据。② 受国家行为者主导的传统的权力均势动力尚未在虚拟世界中出现。③

在第二阶段，安全、政治和经济领域的人类活动越来越多地在线迁移。美国宣称其占据技术优势。④ 其 TCP/IP 协议优于一些欧洲国家支持的

---

① 刘会霞等编著：《网络犯罪与信息安全》，北京：电子工业出版社，2014 年版。第 92 页。

② David Johnson and David Post, "Law and Borders: The Rise of Law in Cyberspace," *Stanford Law Review*, Vol. 48, No. 5, May 1996, pp. 1, pp. 368 – 378.

③ See Milton L. Mueller, *Networks and States: The Global Politics of Internet Governance* (Cambridge, MA: MIT Press, 2010); and Miles Kahler (ed.), *Networked Politics: Agency, Structure and Power* (Ithaca, NY: Cornell University Press, 2009), p. 34.

④ See John B. Sheldon, "Geopolitics and Cyber Power: Why Geography Still Matters," *American Foreign Policy Interests*, Vol. 36, No. 5, September 2014, pp. 286 – 293.

X. 25 协议，并成为全球互联网的基础。① 随着硅谷企业家精神的发展，美国互联网公司逐渐崛起。从硬件到操作系统、软件和应用程序，互联网生态系统占据主导地位。美国是网络空间中唯一的霸权大国，并决定了其商业、政治和安全秩序。②

第三阶段是当前的网络巴尔干化阶段，随着各国政府为保护其网络主权而采取的行动，以美国为主导的普遍网络空间开始崩溃。③

这种转变有几个原因：第一，随着网络空间具有更大的战略意义，各国越来越积极地在线行使主权，这使得平衡利益和建立全球网络空间秩序变得越来越困难。④ 从 2018 年开始，欧盟和中国都实施了广泛的数据保护—转让规定。第二，美国认为利用其技术优势来服务自己的战略利益，削弱了其作为网络空间标准制定者的合法性。例如，在西亚北非局势动荡期间，美国坚持要求脸书和推特等社交媒体平台支持动员反对派团体，并按预期增加信号情报监视行动。第三，不对称的网络能力加剧了美国的网络安全挑战，促使美国投入更多资源保护国内安全，加强网络军事化并敦促志趣相投的国家建立共同的网络秩序。⑤

---

① Jeremy Malcolm, *Multi – stakeholder Governance and the Internet Governance Forum* (Wembley: Terminus Press, 2008), pp. 44 – 69.

② See Madeline Carr, "Power Plays in Global Internet Governance," *Millennium: Journal of International Studies*, Vol. 43, No. 2, January 2015, pp. 640 – 659.

③ See Camino Kavanagh, *The United Nations*, *Cyberspace and International Peace and Security: Responding to Complexity in the 21st Century* (Geneva: United Nations Institute for Disarmament Research, 2017).

④ The United States failed to gain universal support for the principles of countermeasures and state responsibility it proposed, which impeded the UN Group of Governmental Experts' effort to build cyberspace norms. See Michele G. Markoff, "Explanation of Position at the Conclusion of the 2016 – 2017 UN Group of Governmental Experts (GGE) on Developments in the Field of Information and Telecommunications in the Context of International Security," US Department of State, 23 June, 2017, https://s3. amazonaws. com/ceipfiles/pdf/CyberNorms/Multilateral/GGE_2017 + US + State + Department + Position. pdf.

⑤ Michael P. Fischerkeller and Richard J. Harknett, "Persistent Engagement, Agreed Competition, Cyberspace Interaction Dynamics, and Escalation," Institute for Defense Analyses, May 2018, https://www. ida. org/ – /media/feature/publications/p/pe/persistent – engagement – agreedcompetition – cyberspace – interactiondynamics – and – escalation/d – 9076. ashx.

当前，互联网发展对国家主权、安全、发展利益提出了新的挑战，网络空间本身存在的技术和安全漏洞造成了网络攻击威胁，而传统的安全隐患与之相结合形成的网络犯罪、网络恐怖主义等非传统安全问题也呈现出愈加复杂的趋势，成为全球性的治理难题。网络溯源问题技术上非常复杂，攻击来源国常常不是攻击发起国。如何妥善处理来自网络空间这一新兴领域呈几何级数增长的安全威胁，如何积极化解网络大国间在非传统安全领域中的“结构性矛盾”，这迫切需要国际社会认真应对、谋求共治、实现共赢。

第一节　网络安全的成因

网络空间安全的极度脆弱性主要源于三个方面：一是计算科学问题。图灵计算模型解决了一阶逻辑不自洽性和不完备性等问题，缺乏对不正确的逻辑输入进行安全校验和纠正的攻防理念。二是体系结构问题。冯·诺依曼结构将计算机分为运算器、控制器、存储器、输入设备和输出设备，缺乏对与计算部件同等重要的防护部件的设计。三是应用模式问题。在重大工程项目中，普遍缺乏针对性的网络安全服务，若出现安全问题难以在早期发现和消除影响。这导致了信息系统从“出生”就没有应对网络攻击、抵抗病毒的“免疫能力”，也缺乏外界的“安全赋能”。①

从表象来看，网络空间安全的极度脆弱性主要源于三个方面：一是技术问题。信息资产和系统是静态、已知的，攻击方研发的漏洞和武器是动态、未知的，静态防御难以应对动态攻击。二是管理问题。随着网络安全产业的兴起，大量通用设备和系统零日漏洞的频发，导致网络安全最终取决于底层设备、系统和供应链，补丁的准确性、有效性和及时性都不能满足安全需求，通过已知补丁无法抵御未知威胁。三是攻守不平衡问题。网络进攻是“攻”一个点，防守是“守”一个面，行业内分析研判网络安全攻防效费比达1∶400。网络安全工作逐步转换为与零日漏洞的博弈，但日常网络安全受限于技术，也难以通过零日漏洞来检查工作，导致攻击预警

---

① 李旸照、沈昌祥、田楠：《用科学的网络安全观指导关键信息基础设施安全保护》，《物联网学报》2019年8月30日。

的确定性太低，从确定攻击到处置攻击的时间过长。①

比较突出的问题表现在 DDoS 攻击高发频发、且攻击组织性与目的性更加凸显；APT 攻击逐步向各重要行业领域渗透，在重大活动和敏感时期更加猖獗；事件型漏洞和高危零日漏洞数量上升，信息系统面临的漏洞威胁形势更加严峻；数据安全防护意识依然薄弱，大规模数据泄露事件更加频发；“灰色”应用程序大量出现，针对重要行业安全威胁更加明显；网络黑产活动专业化、自动化程度不断提升，技术对抗更加激烈；工业控制系统产品安全问题依然突出，新技术应用带来的新安全隐患更加严峻。

一、技术层面

总体而言，互联网的冯·诺依曼结构存在着先天性的不足；互联网协议（TCP/IP 协议）存在众多根深蒂固的逻辑缺陷；设计 IT 系统不能穷尽所有逻辑组合，必定存在逻辑不全的缺陷。利用缺陷挖掘漏洞进行攻击是网络安全永远的命题。②

漏洞是在硬件、软件、协议的具体实现或系统安全策略上存在的缺陷，从而可以使攻击者能够在未授权的情况下访问或破坏系统。③ 软件编程过程中出现逻辑错误是很普遍的现象，而这些错误绝大多数都是由疏忽造成的。根据漏洞的形成原因可以把漏洞分为以下几类：输入验证错误、缓冲区溢出错误、边界条件错误、访问校验错误、意外情况处置错误、设计错误、竞争条件错误、顺序化操作错误、环境错误、配置错误。④ 根据威胁的来源，主机方面的漏洞主要是操作系统、主机设备等方面引起的漏洞；网络方面的漏洞主要是各种网络入侵、协议缺陷、网络介质的脆弱性等引起的漏洞；物理方面的漏洞主要是环境区域、设备安全等方面引起的

---

① 李旸照、沈昌祥、田楠：《用科学的网络安全观指导关键信息基础设施安全保护》，《物联网学报》2019 年 8 月 30 日。

② 沈昌祥：《用可信计算 3.0 筑牢网络安全防线》，《互联网经济》2019 年第 8 期，第 44 页。

③ 刘会霞等编著：《网络犯罪与信息安全》，北京：电子工业出版社，2014 年版。第 91 页。

④ 同上书，第 93 页。

漏洞；管理方面的漏洞主要是人员管理、培训等存在的问题。[1] 恶意代码主要包括计算机病毒、木马程序、蠕虫、后门、逻辑炸弹等。[2] 病毒、蠕虫和木马等恶意软件最简单的差别就在于其传播的方法：病毒是通过暗含程序的邮件附件，木马是通过下载，而蠕虫则可以在服务器上自我复制并随后利用电脑的通信软件向其他机器传播。[3]

安全漏洞就是被开发商所忽略的软件和电脑系统安全防卫体系的隐患，电脑蠕虫可以通过这些漏洞进入。如果像微软等大公司发现黑客正利用 Windows 或 PDF 阅读器这些大众软件的漏洞开展攻击，那么它们仍有能力迅速撰写有针对性的安全方案来关闭或补上漏洞，这些安全方案就被称为“补丁”；随后它们就会提醒电脑用户访客来下载并安装补丁程序，由此阻止黑客利用漏洞攻入电脑。如果电脑用户未能及时安装补丁，那么病毒还是有机会入侵电脑。[4] 这些漏洞会给黑客攻击、网络犯罪创造机会。网络安全漏洞不仅影响国家社会生活的正常运转、经济竞争力，而且影响着战斗、战争的胜负。[5]

互联网上无难事，安全漏洞无小事。为了找到系统漏洞，就必须不断地检查或尝试攻击电脑系统。[6] DDoS 攻击方式是网络攻击中最常见的武器。它依靠的是所谓“僵尸网络”的作用，这就好比是 20 世纪 50 年代好莱坞经典影片《人体异型》的网络版。病毒会“捕获”一台电脑，然后这台电脑就会由所谓的指挥和控制服务器掌控。病毒会捕获成千上万台电脑，这些电脑就会变成“僵尸”，完全听命于中央控制服务器的指令；但被捕获电脑的大部分功能还是可以正常使用的，看上去也和正常电脑没有区别。如果当时的僵尸电脑正在行动中，那么电脑使用者可能会发现自己电脑的运行速度稍微有些慢，速度慢的原因在于这台电脑要参与分发数十

---

① 刘会霞等编著：《网络犯罪与信息安全》，北京：电子工业出版社 2014 年版，第 94 页。

② 同上书，第 142 页。

③ ［美］米沙·格兰尼著，周大昕译：《网络黑帮：追踪诈骗犯、黑客与网络骗子》，北京：中信出版社 2013 年版，第 20 页。

④ 同上。

⑤ 同上书，第 79 页。

⑥ 同上。

亿封的垃圾邮件，这些垃圾邮件可让其他电脑也沦为“僵尸”的病毒。①因此，普通的电脑用户可能不会发觉，其实自己的电脑已经成为网络死亡军团的战士。

网络空间没有绝对安全，设计再精良的信息产品和服务也会百密一疏、存在漏洞。近年来，网络安全漏洞以较快速度增长，漏洞类型也日趋多样化。2018 年 1 月，英特尔承认处理器存在两组严重的芯片级安全漏洞，会威胁到包括账号密码、文件缓存等用户信息安全。这两组漏洞的利用依靠现代 CPU 普遍使用的推测执行特性，通过用户层面应用从 CPU 内存中读取核心数据。CPU 如人类大脑，用户的所思所想可能随时泄露。在实际攻击场景中，攻击者在一定条件下可以泄露出本地操作系统中的底层运作信息，根据这些信息绕过内核的隔离防护，还可以通过浏览器远程攻击获取用户的相关隐私信息。

近年来，网络安全漏洞以较快速度增长，漏洞类型也日趋多样化。2020 年上半年，事件型漏洞和高危零日漏洞数量上升，漏洞攻击由传统信息系统扩展至网络空间领域，网络安全漏洞正成为具备强大威慑力的新型网络武器装备。

2020 年 3 月，ESET 研究人员发现了一个影响超过 10 亿 WiFi 设备的超级漏洞，导致攻击者可使用全零加密密钥对设备的网络通信进行加密；4 月，苹果公司承认，其默认邮件程序中存在两个漏洞达 8 年之久，影响波及全球超 10 亿部苹果设备，攻击者可利用漏洞在多个版本的 iOS 系统上实现远程代码执行；从 2018 年起，多个组织已经开始利用该漏洞发动针对性攻击，北美等多国企业高管被袭；3 月，由韩国支持的间谍组织利用 IE 浏览器中存在的零日漏洞破解朝鲜电脑系统防线，以此攻击和监控相关行业专家和研究人员。

安全领域里有一句话叫“没有攻不破的网络”。原因在于网络攻防是一个不断变化和发展的过程，现在是安全的，不代表明天就没有问题。②

在信息化社会 30 年的发展过程中，出现了三次网络攻击的浪潮，也由

① ［美］米沙·格兰尼著，周大昕译：《网络黑帮：追踪诈骗犯、黑客与网络骗子》，北京：中信出版社 2013 年版，第 85 页。

② 白杨：《网络安全事件频发“云安全”成企业配置刚需》，《21 世纪经济报道》2018 年 9 月 7 日，第 19 版。

此诞生了三代网络安全的核心技术。首先是1985年到2000年之间，网络攻击主要通过磁盘介质感染计算机病毒，这时的病毒数量非常有限，应对方式是通过查杀引擎，逐一扫描文件和病毒库进行对比。但2001年之后，木马病毒的数量成指数级爆炸式增长，病毒库已经无法做到及时更新，这时采取的方法则是建立白名单数据库，只要扫描文件不在白名单里，就有可能是新的木马病毒。① 2015年之后，APT（Advanced Persistent Threat）攻击成为主角。攻击者开始利用系统漏洞，把恶意程序伪装成正常文件来逃避安全防护。因此，第三代网络安全技术要从关注样本的黑白上升到关注网络行为，对每一个ID、IP流量进行计算，判断行为是否合法。②

由此可以看出，网络安全的特性是动态的，防护手段往往要随着进攻手段的变化而变化。正因如此，安全行业内没有任何一个企业敢向客户保证，能提供100%的安全防护。③

二、政策层面

2014年4月8日，微软公司正式停止Windows XP相关服务，不再发布Windows XP漏洞和补丁，Windows XP停服事件不仅是一次简单的操作系统升级换代，而且是一次中国网络信息产业发展重要的分水岭，为软件领域的国产化替代提供了机遇。④

（一）新兴技术赋能网络安全，助力攻防能力突破

1. 人工智能方兴未艾，积极探寻军事化应用

近年来，美军对人工智能的重视程度进一步加强，美国国防部在人工智能领域的投入逐年增加，并于2020年达到最高峰。2020年上半年，美军逐步确定人工智能使用标准、理论方法，并积极推动在军事领域的应用，使智能化要素渗透于作战全过程，以期在激烈的军事竞争中占据

---

① 白杨：《网络安全事件频发“云安全”成企业配置刚需》，《21世纪经济报道》2018年9月7日，第19版。

② 同上。

③ 同上。

④ 张志安主编：《网络空间法治化——互联网与国家治理年度报告（2015）》，北京：商务印书馆2015年版，第104页。

优势。

2020 年 2 月，美国国防部宣布，正式采纳适用于作战和非作战职能的人工智能伦理原则——负责任、公平、可追溯、可靠和可管理，并协助美军在人工智能领域履行法律、伦理和政策承诺；3 月，美国国防高级研究计划局（DARPA）发布公告，寻求识别人工智能系统的理论和方法，以期从本质上改进人与系统的交互方式。

美国将继续研发基于人工智能的联合作战、网络态势感知等项目，推动人工智能的军事化应用。2020 年 1 月，法国泰勒斯公司推出基于人工智能的网络安全平台——网络分析（cybels analytics），可实现对复杂网络攻击的主动、快速、准确的实时检测。5 月，美国博思艾伦公司将为国防部联合人工智能中心（JAIC）提供数据标签、数据管理、数据调节及人工智能产品开发服务，并协助将人工智能产品交付至现有及未来的军事项目。

2. 5G 迎来商用元年，寻求建立安全网络

2020 年，5G 技术迎来了商用元年，全球 5G 研发和产业化进程稳步推进。各国陆续制定发展规划，推动 5G 技术标准化制定，致力于建设安全可靠的 5G 通信网络安全。同时，美军推进 5G 技术的军事应用研究，加速军事变革进程。

2020 年 2 月，美国国防部征求 5G 技术军用原型建议书，将对虚拟现实技术、共享电磁频谱等内容进行测试、原型开发和实验。3 月，美国国家标准与技术研究所（NIST）推进构建 5G 频谱共享测试平台，探究 5G 通信与其他无线电之间的互干扰问题。

2020 年 2 月，美国 DARPA 推出“OPS－5G”项目，将探索为 5G 网络开发可移植、符合标准的网络堆栈，从而规避网络间谍和网络战的风险。6 月，美国大西洋海军信息战中心和太平洋海军信息战中心公布 5 个信息系统项目，其中包括寻求 5G 网络增强原型的“5G 下一代 Nellis 基地网络增强”项目，用于实现指挥控制和战术任务重新加载的“5G 软件应用程序原型”。

3. 量子技术加速发展，或将破解安全难题

当前，量子信息技术已引起世界各国的高度关注，各国都在加快筹划布局，投入大量资金、人力推进发展。2020 年，美国政府对量子技术的投入力度达到历史最高点，尤其在量子计算与量子通信领域创新不断。美国

已将量子技术提升至与人工智能同等高度。

2020年2月，英国CST Global公司开发可应用于现有IT基础架构的量子密钥分发（QKD）发射器和探测器技术，并在光通信市场中提供高安全性的数据传输选项，实现安全的网络通信。2月，美国DARPA启动“高噪声中等规模量子优化器件（ONISQ）”项目，拟通用容错量子计算机取得突破之前开发出量子信息处理技术。3月，美国加州理工学院和NASA联合开发基于光纤和自由空间量子信道的高保真量子通信系统，可为太空探索和基础科学任务、量子网络战略愿景等提供技术支持。

4. 零信任安全成为应对安全挑战的主流架构之一

伴随着网络防护从传统边界安全理念向零信任理念演进，网络安全正在从传统的物理边界防护向零信任安全转变，零信任将成为数字安全时代的主流架构。所谓“零信任”，其实是在2010年提出的一种安全概念，它的核心思想是默认情况下不应该信任网络内部和外部的任何人/设备/系统，需要基于认证和授权重构访问控制的信任基础。简单来说，“零信任”的策略就是不相信任何人。现有传统的访问验证模型只需知道IP地址或者主机信息等即可，但在“零信任”模型中，需要更加明确的信息才可以，不知道用户身份或者不清楚授权途径的请求一律会被拒绝。

零信任安全与传统安全的区别：以前做的安全防御体系，是有边界的，防火墙就像一个城堡的护城河，每个外面的人想进入城堡，都要通过城门的检查，但进入以后，就会被默认是可信任的，可以在城堡内随意走动。

随着企业上云，传统的网络边界正在逐渐消失，尤其是突如其来的疫情，更是让几乎所有企业都不得不进行远程办公，所以过去很多企业的员工可能还对零信任安全有所顾虑，但当风险逐渐扩大时，他们也开始选择接受零信任安全架构。云和移动互联网的兴起，让传统边界防御逐渐瓦解。这是因为传统的安全哲学以边界隔离为核心理念，通过防火墙、IPS等设备，广筑“围墙”保护内网，默认内部是安全可信任的。

而云应用的兴起，让原企业“围墙内”的部分应用被搬到云上，同时，随着移动办公的普及，原先在企业内部办公的员工也逐步走到“围墙外”；边界安全被打破后，黑客可以通过多种手段渗透到企业内部的设备。所以，通过在边界“筑墙”的方式，已经越来越无力，“无边界”时代迫切需要新的保护方法。

企业IT架构正在从“有边界”向“无边界”转变。基于广泛覆盖的零信任安全网络，更能够满足随时随地的安全访问需求，且从组网的方式取代了传统VPN，简化了企业IT部署，更适应未来办公方式多样化带来的企业安全访问需求。

互联网技术应用不断模糊物理世界和虚拟世界界限，对整个经济社会发展的融合、渗透、驱动作用日益明显，带来的风险挑战也不断增大，网络空间威胁和风险日益增多。比较突出的问题表现在：DDoS攻击高发频发且攻击组织性与目的性更加凸显；APT攻击逐步向各重要行业领域渗透，在重大活动和敏感时期更加猖獗；事件型漏洞和高危零日漏洞数量上升，信息系统面临的漏洞威胁形势更加严峻；数据安全防护意识依然薄弱，大规模数据泄露事件更加频发；“灰色”应用程序大量出现，针对重要行业安全威胁更加明显；网络黑产活动专业化、自动化程度不断提升，技术对抗更加激烈；工业控制系统产品安全问题依然突出，新技术应用带来的新安全隐患更加严峻。

5. 内生安全——新一代企业网络安全架构

内生安全是指在信息化环境下，内置并不断自我生长的安全能力。通过“一个中心5张滤网”，从网络、数据、应用、行为、身份5个层面，建立网络安全“免疫力”，降低网络攻击风险，保证业务安全。

其技术研发和特点是：新一代网络安全架构从顶层视角出发，以系统工程的方法论结合“内生安全”理念，将安全能力统一规划、分步实施，逐步建成面向数字化时代的一体化安全体系。网络安全架构从甲方视角、信息化视角、网络安全顶层视角展现出政企信息化领域的网络安全能力体系。

三、重大网络安全事件

以下是近30多年里在世界范围发生的一些重大网络安全事件：

1988年11月2日，美国康奈尔大学计算机系研究生罗伯特·潘·莫里斯（Robert Morris）编写出震惊世界的蠕虫病毒，即“莫里斯蠕虫病毒”，造成全球6000多所大学和军事机构的计算机受到感染并瘫痪，占当时联接互联网计算机的10%；美国遭受的损失最为惨重，直接经济损失将近1亿美元；该病毒进入美国国防部战略系统的主控中心和各级指挥中心，使得共约8500台军用计算机出现各种异常情况，其中6000台计算机无法正常运行。这次事件向人们展示了网络战的基本方式和巨大威力，对方只要有一台计算机接入互联网就可以进行“潜伏式战斗”，而且有时候比任何高技术武器造成的损失还要大。

1991年的第一次海湾战争中，美国特工利用伊拉克购置的一批用于防空系统的打印机途经安曼的机会，将一套带有病毒的芯片换装到这批打印机中，并在美军空袭伊拉克的“沙漠风暴”行动开始后，用无线遥控装置激活潜伏的病毒，致使伊拉克的防空系统很快陷入瘫痪，多国部队的空军如入无人之境。

1998年，台湾地区大学生陈盈豪制造的“CIH”病毒，共造成全球6000万台电脑瘫痪，土耳其、孟加拉国、新加坡、马来西亚、俄罗斯、中国内地的电脑均惨遭“CIH”病毒的袭击。其中韩国损失最为严重，共有30万台电脑中毒，占全国电脑总数的15%以上，损失更是高达2亿韩元以上。

1999年的科索沃战争中，南联盟的电脑黑客对北约进行了网络攻击，使北约的通信控制系统、参与空袭的各作战单位的电子邮件系统都不同程度地遭到了电脑病毒的袭击，部分计算机系统的软、硬件受到破坏，使得美国“尼米兹”号航空母舰的指挥控制系统被迫停止运行3个多小时，白宫网站一整天无法工作。美国高级官员称科索沃战争为“第一次网络战争”。

2002年，美国与伊拉克关系恶化，美国关闭了所有伊拉克顶级域名“.iq”的域名解析服务，让伊拉克整个国家从互联网消失，三年后互联网域名与地址管理机构（ICANN）才重新恢复了“.iq”域名服务器。[①]

2004年4月，由于与利比亚在顶级域名管理权问题上发生争执，美国终止了利比亚的顶级域名（.LY）的解析服务，导致利比亚从互联网上消

---

① 关于伊拉克域名事件，可以看看清华大学段海新教授的文章：“伊拉克域名.IQ被美国删除的背后以及早期的根域名管理”，里面把整个事件的来龙去脉说得很清楚。主要原因是.iq域名的前任管理者于2002年被关进监狱，新任管理者（NCMC）于2005年才提出申请，而IANA当时还考虑征求新旧代理双方对新授权的一致认可，所以才出现了所谓的“申请和解析工作被终止”。

失 3 天。①

2006 年 12 月—2007 年 2 月，出生于中国武汉的李俊制作了“熊猫烧香”病毒，感染了上百万台电脑，导致网络瘫痪。当时，许多人看见自己的电脑上都是熊猫，它们手上拿着三根香，不知道是什么意思，因此被称为“熊猫烧香”。

2007 年爱沙尼亚和 2008 年格鲁吉亚相继遭遇大规模网络攻击，导致许多机构陷于瘫痪状态。2007 年 4 月，俄罗斯青年运动组织“纳什”（Nashi）对爱沙尼亚发动大规模网络袭击，黑客们仅用大规模重复访问使服务器瘫痪这一简单手法，即控制了爱沙尼亚的互联网制网权，此次事件被视为首次针对国家的网络战。

2008 年 8 月的俄格战争中，俄罗斯在军事行动前攻击格鲁吉亚互联网，使格鲁吉亚政府、交通、通信、媒体和金融互联网服务瘫痪。这是全球第一次针对制网权、与传统军事行动同步的网络攻击，也是第一次大规模网络战争。

2009 年，发生了针对韩国和美国的大规模拒绝服务攻击，又称“索尼事件”。

2009 年 5 月 30 日，在美国政府授意下，微软公司关闭了古巴、伊朗、叙利亚、苏丹和朝鲜 5 国用户的 MSN 聊天系统。

2010 年发作的“震网”病毒，致使伊朗布什尔核电站 20% 的离心机报废。

2011 年 12 月，“匿名”（Anonymous）、“卢尔兹安全”（Lulz Security）等黑客组织不断挑战政府权威，先后对索尼等大公司、美国参议院和中情局、英国重大有组织犯罪局和马来西亚政府网站等发起攻击。

2012 年的“火焰”病毒，致使中东石油工业网络瘫痪。

2013 年曝光的“棱镜门”事件，据称多国政府、科研机构和企业的信息网络被入侵。

---

① 出自《信息安全与通信保密》杂志 2014 年第 10 期的一篇文章。关于利比亚域名事件，可以看此文：《利比亚国家顶级域名（.LY）中止服务始末》，事实情况是参与运营 .LY 的两家机构因争夺归属权而内斗的结果（其中一方关闭了 .LY 域名服务器的解析）。经过这番变乱，2004 年 10 月，ICANN 批准将 .LY 授予利比亚邮电总公司，.LY 事件算是尘埃落定。

2012 年和 2013 年之交，美国银行、纽约证券交易所、纳斯达克证券交易所等多家金融机构网站遭“黑客”攻击，网站服务中断。之后，美国拉斯维加斯一家赌场的服务器遭“黑客”攻击，博彩和酒店服务中断。美联社报道，那些“黑客”受伊朗支持，目的是回应美国对伊朗的制裁。美国、伊朗及相关国家 2015 年签署伊朗核问题全面协议后，伊朗针对美国目标的网络攻势减弱。①

2015 年“乌克兰电网”事件中，“Black Energy”病毒造成乌克兰大规模停电。

2017 年 5 月 12 日，发生“勒索病毒”事件，美国国家安全局开发的网络武器、利用安全漏洞的程序“永恒之蓝”遭到泄露而引发全球性电脑病毒“WannaCry”，导致全球 150 多个国家的超过 30 万台计算机（含服务器）和自动化控制设备感染病毒。这些特种木马和特种网络攻击手段是针对物理隔离网和工业控制系统定制的，攻击者通常熟悉被攻击的系统和网络结构，采取先进的攻击技术，病毒扩散和破坏手段非常隐蔽，现有的防病毒软件无法查杀。②

2017 年 10 月 4 日，雅虎母公司美国电信巨头威瑞森称，所有 30 亿雅虎用户的个人信息被泄露，这一数字是 2016 年 12 月公布的 3 倍。

以下罗列了近年来轰动全球的重大网络安全事件。

1. “棱镜”计划（PRISM）：2013 年 6 月 6 日，《卫报》和《华盛顿邮报》报道，美国国家安全局（NSA）和联邦调查局（FBI）于 2007 年启动了一个代号为“棱镜”的秘密监控项目，直接进入美国网络公司的中心服务器里挖掘数据、收集情报，包括微软、雅虎、谷歌、苹果等在内的 9 家国际网络巨头皆参与其中。根据报道，泄露的文件中描述 PRISM 计划能够对即时通信和既存资料进行尝试的监听。许可的监听对象包括任何在美国以外地区使用参与计划公司服务的客户，或是任何与国外人士通信的美国公民。国家安全局在 PRISM 计划中可以获得的数据电子邮件、视频和语音交谈、影片、照片、VOIP 交谈内容、档案传输、登入通知，以及社交网

---

① 《伊朗拟就美军炸死高级将领诉诸法律》，《北京青年报》2020 年 1 月 5 日，第 6 版。

② 李旸照、沈昌祥、田楠：《用科学的网络安全观指导关键信息基础设施安全保护》，《物联网学报》2019 年 8 月 30 日。

络细节。在2012年全年，综合情报文件“总统每日简报”中在1477个计划中使用了来自PRISM计划的资料。

2. 俄罗斯涉嫌通过黑客攻击和散布虚假消息干预美国大选：2016年美国总统选举期间，“维基解密”先后曝光了民主党全国委员会的内部电子邮件，让总统候选人希拉里·克林顿饱受负面新闻困扰。当年10月，美国国土安全部和国家情报总监办公室发表联合声明，指认俄罗斯政府授意并帮助黑客入侵美国网络，意在影响美国总统选举、帮助共和党人特朗普赢得大选。2016年12月29日，美国总统奥巴马宣布，因俄罗斯涉嫌通过网络袭击干预美国总统选举，美方决定对俄罗斯进行制裁。当天，美国国务院宣布驱逐35名俄罗斯外交人员，并决定关闭位于纽约和马里兰州的两处俄罗斯政府持有的房产。

3. 脸书承认未尽力防止缅甸线下暴力：2018年8月，联合国主要人员称，缅甸军方以“种族灭绝的意图”对穆斯林罗兴亚人实施大规模的屠杀和轮奸，并根据国际法中最严重罪行起诉总司令和5名将军。调查人员尖锐地批评脸书让其平台被用来煽动暴力和仇恨。脸书已成为缅甸主要的社交媒体网络，尽管没有员工在那里工作。脸书承认，对缅甸的煽动行为“反应太慢”，宣布将封锁联合国委员会发现的20个缅甸官方账号和组织，因为这些账号和组织“犯下或促成了严重的侵犯人类权利的行为”。

4. 乌克兰电网被攻击事件：2015年12月23日下午，乌克兰首都基辅部分地区和乌克兰西部的140万名居民突然家中停电。这次停电不是因为电力短缺，而是遭到了黑客攻击。

黑客利用欺骗手段让电力公司员工下载了一款恶意软件“Black Energy”（黑暗力量）。该款恶意软件最早可追溯到2007年，由俄罗斯地下黑客组织开发并广泛使用，包括用来“刺探”全球各国的电力公司。当天，黑客攻击了约60座变电站。黑客先操作恶意软件将电力公司的主控电脑与变电站断连，随后又在系统中植入病毒，让全部电脑瘫痪；同时，黑客还对电力公司的电话通信进行干扰，导致受到停电影响的居民无法和电力公司进行联系。网络安全研究员指出，此次乌克兰电网被攻击事件的执行者应该是经验丰富的俄罗斯黑客集团。

5. 脸书用户数据泄露事件：2018年3月17日，媒体曝光脸书上超过5000万用户的信息在用户不知情的情况下，被政治数据公司“剑桥分析”

获取并利用，向这些用户精准投放广告，帮助2016年参选美国总统的特朗普团队；而且，脸书在2014年就知晓其事，并未及时对外披露这一信息。

6. 因欧盟“链接税”，谷歌或在当地关闭新闻服务：2018年11月20日，据美国财经媒体CNBC报道，谷歌新闻副总裁理查德·金格拉斯（Richard Gingras）在接受英国《卫报》采访时表示，该公司非常担心欧盟可能出台“链接税”。倘若按照目前的模式推进这项立法，谷歌不排除在欧洲国家关闭新闻服务的可能。2014年，谷歌已经在西班牙关闭谷歌新闻，原因是该国制定了类似的规定，要求其和西班牙内容发布商支付版税。谷歌希望以此能够影响立法，在欧洲不要出现类似规定。

7. 百货公司推测女孩怀孕为其精准投送广告：2012年2月16日消息，美国的Target百货公司上线了一套客户分析工具，可以对顾客的购买记录进行分析、并向顾客进行产品推荐。他们根据一名女孩在Target连锁店的购物启示录，推断出女孩怀孕，然后开始通过购物手册的形式向女孩推荐一系列孕妇产品。这一做法让女孩的家长勃然大怒，事实真相是女孩隐瞒了怀孕消息。

8. NEST家庭安全设备有一个隐藏的麦克风，谷歌称之为“错误”：2019年2月2日，谷歌的NEST家庭安全设备引发了隐私问题。谷歌没有通知用户其家庭安全设备配备了麦克风，而该公司称其为“错误”。这一发现是偶然的。此前，谷歌通知用户NEST GUAD，现在与该公司的家庭助手语音控制功能兼容；但是，要与语音控制功能兼容，设备需要配备麦克风，谷歌从未提及其设备中嵌入了麦克风。

9. 健身追踪软件泄露美军军事基地秘密信息：英国《卫报》2018年1月28日报道，美国健身追踪软件开发商STRAVA意外泄露美国军方机密，包括遍布世界各地的美国军事基地及间谍前哨的位置和人员配置信息。报道称，这些信息是通过STRAVA 2017年11月发布的数据可视化热点图“Global Heatmap”泄露的，该图记录了使用者的一切运动信息，并且还可将信息分享给他人。然而，军方分析人士注意到，该图过于详细以至于潜在地泄露了一组STRAVA使用者极为隐秘的信息：关于现役军事人员的信息。此外，《卫报》称，在阿富汗、吉布提、叙利亚等地，这款软件应用的用户几乎都是外国军人，也就意味着这些基地更为显眼。

10. 美媒披露惊人文件，1200多万美国人的隐私，包括如何追踪特朗普：2019 年 12 月 19 日，《纽约时报》披露了该报隐私项目（Time Privacy Project）获得的一份令人震惊的定位追踪文件。该文件中，每一条信息都代表了 2016 年和 2017 年某几个月期间一部智能手机的精确位置，从华盛顿到纽约，再到旧金山，数据涵盖超过 500 亿个定位信号，来自 1200 多万美国人。通过分析这些数据，美国很多名人、政要的行踪都被暴露无遗，包括情报人员、五角大楼官员……就连美国总统特朗普的行踪，都可以被精确地追踪到。报道称，每时每刻都有几十家公司基本上不受监管、不受审查地通过手机定位记录数千万人的活动，并将信息存储在巨大的数据库里。报道称，收集这些行踪信息的公司有三个理由来证明它们的业务是正当的：人们同意被跟踪、数据是匿名的、数据是安全的。

11. 2013 年 10 月，为如家、汉庭等酒店提供网络服务的浙江慧达驿站网络有限公司因为系统漏洞，近 2000 万条酒店客房入住信息被泄露并通过网络传播下载，引起社会广泛关注、并引发针对酒店的诉讼；2014 年 5 月，小米论坛官方数据库泄露，涉及 800 万使用小米产品的用户，这些用户的资料可被用来访问小米云服务并获取更多的私密信息，甚至可通过同步获得通讯录、短信、照片、定位、锁定手机及被删除信息等。2014 年 12 月，铁道部订票网站 12306 被曝 13 万条用户个人数据泄露，包括用户账号、明文密码、身份证号码、邮箱等敏感信息。①

12. 2018 年 3 月 20 日，脸书被曝出泄露超过 5000 万条用户数据，这些数据包括用户的倾向性选择、使用习惯、性格特点以及成长历程，剑桥分析公司在未经允许的情况下，对这些数据进行了分析，从而对用户定向推送美国竞选信息和广告，以影响美国选民在 2016 年 11 月 8 日美国总统选举中的投票。

13. Zoom 是目前占有美国最大市场份额的视频会议软件。它支持远程视频会议，并允许会议发起人进行会议录制。2019 年 7 月，Zoom 曾被曝任意网站都可以在不申请授权的情况下触发苹果电脑开启摄像头；2020 年以来，又连续被发现可能被黑客监听通话、会议发起人可以监控参会者的 Zoom 窗口是否打开等漏洞。最近一次，科技媒体《Motherboard》称，在

---

① 张志安主编：《网络空间法治化——互联网与国家治理年度报告（2015）》，北京：商务印书馆 2015 年版，第 106 页。

iOS 系统下载或打开 Zoom App 时，App 会向 Facebook 发送用户数据。接着，Zoom 又被曝出错误地声称 App 能够做到“端到端加密”。3 月，Zoom 曝出重大安全漏洞：在亚马逊云计算平台（AWS）上发现了 1.5 万个公开的 Zoom 会议视频，内容包括医疗会议、商务会议、小学课堂等。

14. 2020 年 1 月 4 日，美国联邦图书馆计划（FDLP）网站遭到黑客攻击。该网站由美国政府出版局（GPO）运营，其职能是向公众提供美国联邦政府的文件和信息。当天，一幅描绘“美国总统唐纳德·特朗普在导弹飞过时受到伊朗伸出的拳头猛击”的图片被放上了该网站首页；而另一幅被放上网站的图片则显示了伊朗最高领导人哈梅内伊和伊朗国旗的图像，其中一张图片的背景文字还写道：“这只是伊朗网络能力的一小部分！”美国国土安全部网络安全和基础设施安全局（CISA）发言人萨拉·森德克（Sara Sendek）承认，“我们知道 FDLP 的网站被亲伊朗的反美消息所破坏”，“目前尚无人证实这是伊朗政府资助的行为者的行为。该网站已被关闭，无法再访问。CISA 正在与 FDLP 和我们的联邦合作伙伴一起监控局势”。这一网络攻击是在伊朗革命卫队“圣城旅”指挥官卡西姆·苏莱曼尼 1 月 2 日被美军袭击身亡后不久发生的。此前，美国国防部发表声明称，美国总统唐纳德·特朗普下令发动对苏莱曼尼的袭击，并称“这是对苏莱曼尼积极制订计划袭击伊拉克和整个地区的美国外交官和服务人员的回应”。

从这些事件可见，随着大数据、人工智能的不断发展，人类已经进入信息化时代。在这个时代，数据权力不再由国家独有，国家、黑客、科技公司、个人，每个网络行为的参与者都要共同分享数据权力，这就造成了数据主权风险多元化。美国作为超级网络大国，多年来借“网络自由”之名而行“网络霸权”之实，利用数字技术和网络产业优势，通过监控全球数据流来监视特定对象，通过输出意识形态扭曲别国社会思潮，严重威胁他国的数据主权。科技力量成就了诸如谷歌、微软、脸书等一大批超国家实体，它们在高新技术和海量用户数据方面有强大的支配力，成为数据寡头，个人身份信息、在线活动、社交网络行为等数据都被它们掌握，世人俨然生活在它们制造的“数据茧房”之中。另外，网络黑客、恐怖主义者也在利用数据侵害我们的利益，严重威胁数据主权。

第二节　网络安全威胁的表现形式

网络安全威胁间的关系非常复杂：首先，网络战可能会由网络犯罪和网络攻击共同构成；不同于网络攻击的是，网络犯罪并不需要破坏作为目标的计算机网络（尽管犯罪分子偶尔会这样做），而且大多数网络犯罪都不具有政治或者国家安全的目的。其次，网络攻击和网络犯罪可能会有重合之处，甚至有的网络攻击也会构成网络犯罪，但不是所有的网络犯罪都是网络攻击；网络攻击的一个显著特点是基于政治或国家安全的目的；任意发动网络攻击的行为，不但挑衅着别国的主权，更威胁着别国的安全。网络战也可能会满足网络攻击的若干条件，但并非所有的网络攻击都是网络战；只有那些攻击的效果等同于武装攻击、或者是在武装冲突期间发生的网络攻击，才可能会上升至网络战的高度。最后，与许多犯罪一样、但不同于网络攻击的是，一般会将网络犯罪理解为由个人、而非由国家实施的；[①] 且其行为主体的身份和目的往往会不明朗。因此，按照我们的定义，尽管公职人员在其职权范围之外的行动可能会实施网络犯罪，但是，国家的行为即使非法，仍不被认为是构成了这样的罪行；还要注意，如果一个国家实施了同种行为，就不属于此种重叠，因为只有那些非国家的行为体才可能实施网络犯罪。比如，“假设一群黑客攻入美国国务院的服务器，并出于对美国政府的蔑视而将之关闭，这就属于网络犯罪和网络攻击之间的重叠区域，因为非国家行为体基于政治或国家安全的目的实施了该行为，并破坏了计算机网络”。[②]

如图 4 - 1 所示，大多数网络犯罪既不构成网络攻击，也不构成网络战。当非国家行为体的某种行为根据国内法或国际法被定为刑事犯罪时，它就只是网络犯罪。网络犯罪和网络攻击的重叠区域发生在非国家行为体

---

① Therefore, under our definition, while public officials may commit cyber - crimes while acting outside the scope of their authority, the actions of states, even if unlawful, are not considered to be crimes as such.

② See Oona A. Hathaway, Rebecca Crootof, Philip Levitz, Haley Nix, Aileen Nowlan, "William Perdue & Julia Spiegel: The Law of Cyber - Attack," *California Law Review*, 2012, Vol. 100, pp. 831 - 833.

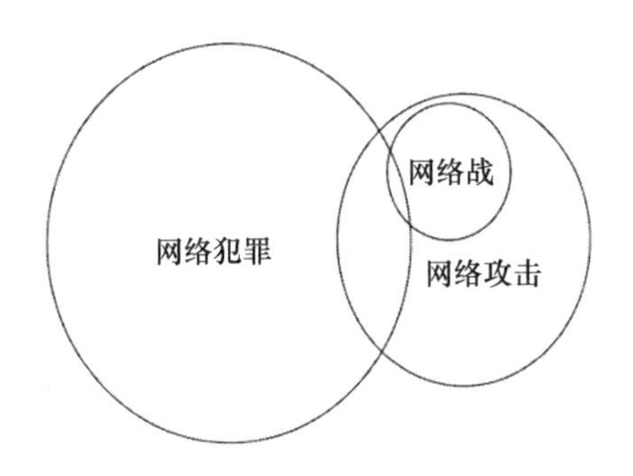

图4-1　网络行为关系的图示

使用计算机网络手段实施违法行为、破坏了计算机网络，并拥有一个政治或国家安全的目的之时。这种行为的后果不会上升到武装攻击、或构成网络战的级别。①

网络战争和网络间谍活动大多与主权国家有关，需要加强国际间的谈判与协调；② 网络间谍活动和网络攻击之间的界限模糊，攻击的病毒传染性和连锁效应（超出最初的目标或危害范围），网络犯罪者身份及其意图的不确定性，都使网络行动可能产生出乎意料的高度不稳定的影响。而网络犯罪和网络恐怖主义则大多涉及非国家行为体（简称NSA），政府机构如不对网络加强管理，网络黑客就容易演变为网络恐怖主义。网络战也可能由网络攻击和网络犯罪共同构成。③

一、网络犯罪

网络犯罪已成为网络安全领域最突出的问题之一，也是国际网络安全治理的焦点问题。一方面，网络犯罪形态的不断变化和演进，对打击网络犯罪相关的定罪、调查、电子取证等问题带来了挑战。另一方面，由于越来越多的网络犯罪都具有跨国性，打击网络犯罪的全球治理机制成为能否

① 王孔祥：《网络安全的国际合作机制探析》，《国际论坛》2013年第3期。

② 管克江：《慕尼黑会议聚焦网络安全：中国是网络袭击受害者》，《人民日报》，http：//www. stdaily. com/stdaily/content/2012－02/06/content_422233. htm。（上网时间：2012年02月06日）

③ 王孔祥：《网络安全的国际合作机制探析》，《国际论坛》2013年第3期。

有效遏制不断增长的网络犯罪案件的关键。① 在全球治理机制中，现有的联合国和欧洲理事会《网络犯罪公约》两种模式的博弈，使关于打击网络犯罪的国际合作需要新的动力。②

网络犯罪的专业化特色越来越明显。如今，黑客和恶意软件编程员已经开始设计专门针对某类系统或盗取某类数据的程序。犯罪活动通过分工形成了由若干团伙组成的“产业链”，这让执法部门更难确认网络犯罪行为，也不知道谁和谁在相互勾结。③ 黑客与传统的罪犯在心理和社会角色上有着很大区别。虽然黑客总是在寻找技术的漏洞，这些漏洞会给网络犯罪创造机会，但黑客这样做并不是为了钱，这些人是只为技术不为钱的极客。④

网络犯罪正朝着组织化、精细化和流水线操作的方向演进，每位黑帮成员都有自己的任务：发送垃圾邮件、开发病毒程序、洗钱、组织网络僵尸军团以及其他网络犯罪牵涉到的业务。⑤ 由于网络犯罪通常具有虚拟及跨境的特点，因此警方通常很难找到充分的证据让检察官立案，即便立案之后，也很难在法庭上证明其犯罪。⑥ 现在的司法系统很难认定网络犯罪中所涉及的高度技术化证据；此外，大部分网络犯罪都是跨国作案，这给拘捕和审讯犯罪嫌疑人都带来了很大挑战。⑦

中国主张深化打击网络犯罪、网络恐怖主义的国际合作；对网络犯罪开展生态化、链条化打击整治，进一步完善打击网络犯罪与网络恐怖主义的机制建设；支持并积极参与联合国打击网络犯罪全球性公约谈判；有效地协调各国立法和实践，合力应对网络犯罪和网络恐怖主义威胁。

---

① 鲁传颖：《网络犯罪的治理困境》，《中国信息安全》2018 年第 6 期。

② 王孔祥：《网络安全的治理路径探析》，《教学与研究》2014 年第 4 期；王孔祥：《互联网治理中的国际法》，北京：法律出版社 2015 年版。

③ ［美］米沙·格兰尼（Misha Glenny）著，周大昕译：《网络黑帮：追踪诈骗犯、黑客与网络骗子》，北京：中信出版社 2013 年版，第 232 页。

④ 同上书，第 234 页。

⑤ 同上书，第 223 页。

⑥ 同上书，第 128 页。

⑦ 同上书，第 225—226 页。

二、网络恐怖主义

网络空间成为恐怖组织蛊惑人心、招兵买马、密谋策动的重要平台，网络恐怖主义甚嚣尘上，严重危及国家与社会安全。面对严峻形势，国际社会相关方通力合作、打防结合，与恐怖分子展开殊死较量，网络空间已成反恐新阵地。①

三、网络攻击

近年来，网络攻击问题受到国际社会的广泛关注。一些国家和学者夸大和渲染网络攻击问题，一概将其定性为网络战，并援引《联合国宪章》所规定的“使用武力或武力威胁”和“武力攻击”，并主张对之适用诉诸武力法、武装冲突法和国家责任法。这种片面应对网络攻击的“军事范式”在客观上加剧了网络军备竞赛和网络空间军事化。②

“网络攻击”（Computer Network Attack）的术语指的是摧毁或破坏计算机系统的努力。③ 它涵盖的行为多种多样，包括从简单刺探、丑化网站、拒绝提供服务到从事间谍和破坏活动。④ 网络攻击成为关键信息基础设施稳定运行的主要风险之一。⑤

网络战的基本含义是通过计算机通信网络来影响对方的信息与信息基础设施，保护己方、以达到国家目的的行动。其主要内容是：通过互联网，截取、篡改、破坏该国的信息，或利用网络病毒和虚假信息来影响该国的信息与信息基础设施。在不造成人员流血和伤亡的前提下，通过破坏敌国以信息网络为基础的政治、经济、军事等系统，在敌国国民中引起普

---

① 赵晨：《网络空间已成国际反恐新阵地》，《光明日报》2017 年 6 月 14 日，第 14 版。

② 马新民：《网络空间的国际法问题》，《信息安全与通信保密》2016 年第 7 期。

③ NAT'L RESEARCH COUNCIL, TECHNOLOGY, POLICY, LAW, AND ETHICS REGARDING U. S. ACQUSITION AND USE OF CYBERATTACK CAPABILITIES 1 (William A. Owens, Kenneth W. Dam, Herbert S. Lin eds. (2009).

④ 约瑟夫·奈：《未来可能出现“网络 9·11”》，《观察者》2012 年 5 月 24 日，http://csstoday.net/Item/14672.aspx。（上网时间：2012 年 5 月 29 日）

⑤ 马新民：《网络空间的国际法问题》，《信息安全与通信保密》2016 年第 7 期。

遍的恐慌，以达到不战而胜之目的。①

网络战植根于迷宫般的互联网结构和日新月异的计算机网络技术，发端于计算机病毒与“黑客”攻击；它通过破译敌方存在安全漏洞的网络协议，侵入敌方网络内部实施攻击。网络战的目的是破坏对方的信息系统，进而摧毁能源、交通等基础设施。事实证明，关键基础设施已经成为网络武器的真实攻击目标，有可能引发灾难性后果。网络战具有以下几个特点：一是匿名性，即便能够发现网络攻击者的IP地址，但这也很有可能是被挟持的僵尸电脑；二是跨国性，互联网的国际性使得网络攻击能够轻松地突破国界的限制，在世界范围内进行；三是破坏性，由于许多国家的金融、教育、电力、通信、物流、国防等都与互联网相通，网络攻击可能会造成金融瘫痪、供电中断、交通受阻甚至物理爆炸等严重后果，其破坏性堪比战争；网络战中的一名黑客加一个调制解调器（Modem）的威力甚至不亚于一支军队；② 四是低门槛性，稍具计算机网络知识、懂得编写计算机程序的个人即有可能成为黑客，并开展计算机网络攻击（Computer Network Attack，CNA），这样的个人在全球应该是数以百万计的。③

由于具有上述特点和“破网瘫体”的作战功效，使得网络战的概念和领域迅速扩展，蔓延到社会生活和军事斗争的各个领域，作用于战争所涉及的各种要素、平台。在战争初期，网络战可能只是支援常规作战行动，但是当网络技术，特别是物联网技术渗透到战场各个要素之后，网络就直接成为一种作战实体力量，网络战就进入了实体化发展阶段，网络攻防不再仅仅是通信领域的攻防，而是作战体系的较量，网络战将真正成为一种实体作战模式。④ 网络战的上述特点，使得中小国家，甚至个人等都可以发起不对称的攻击，对大国的网络安全构成严重威胁。但国际社会没有条

---

① 王孔祥：《区分原则在网络战中的适用》，《国际安全研究》2012年第1期。

② 叶美霞、曾培芳：《现行国际法的困惑与挑战探析》，北京：知识产权出版社2008年版，第208页。

③ 王孔祥：《平民参与网络战的法律问题及其规制》，《法治研究》2013年第5期；王孔祥：《互联网治理中的国际法》，北京：法律出版社2015年版。

④ 王孔祥：《平民参与网络战的法律问题及其规制》，《法治研究》2013年第5期；温睿：《网络战：“软力量”首次超越“硬装备”》，《中国社会科学报》第221期，http：//csstoday.net/Item/6818.aspx。（上网时间：2011年12月15日）

约等相关的成文法对之进行约束、规范，导致网络军备竞赛呈愈演愈烈之势。①

考虑到技术的进步和迅猛发展，网络战在现实世界爆发得较少，以及全球互联网网上攻击与反攻击发生得也相对不多，因此，任何与网络战有关的国际协定的考虑相对于硬件和实践而言都会显得过时，甚至在它们尚处于墨迹未干之时。② 网络战是网络空间国家对抗的最高形式，但并非所有网络攻击都涉及国家行为并构成网络战，和平时期的网络安全威胁才是当前的主要挑战。③

多数网络攻击行为是由个人或其他非国家实体发起的，此种行为一般被认为是网络犯罪或者是网络侵权行为，应受到国内刑法或侵权法的规制。即使有些网络攻击是由国家发起或者可归责于国家，但其中绝大部分尚未达到“使用武力或武力威胁”或者“武力攻击”的程度，属于低烈度的网络攻击，可能仅构成对他国内政的干涉等其他违反国际法的行为，受到攻击的国家首先应考虑采取反措施、诉诸安理会采取制裁等非武力应对方式，而非动辄使用武力手段；在某些特殊情况下，即使有关网络攻击涉嫌构成“使用武力或武力威胁”或者“武力攻击”，如何认定网络攻击构成侵害“国家之领土完整”等问题，仍存在很大的不确定性；而且还面临着网络攻击隐蔽性强、溯源难等挑战。此外，当前国际社会在网络战方面仍缺乏相关国家实践，能否笼统地将有关规则适用所谓“网络战”，仍需国际社会谨慎对待和更深入地探讨。④

第三节　网络安全的当前形势

当前的网络安全形势呈现以下几个特点：

---

① 如继美国成立网络司令部之后，英国、印度、韩国等也纷纷建立自己的“网军”；各国还增加相关的国防预算；组织科技力量，开展网络攻防武器的研制和开发。

② 瓦尔克指出，最早的互联网出现于1969年，当时主要是为解决遭到核打击时的通信问题。参见 George K. Walker, “Information Warfare and Neutrality,” 33 VAND. J. TRANSNAT'L L. 1079, 1200 (2000)。

③ 马新民：《网络空间的国际法问题》，《信息安全与通信保密》2016年第7期。

④ 同上。

一、技术性

由于技术水平和人为因素，计算机存在先天不足的硬件“缺陷”和后天不备的软件“漏洞”。目前被广泛运用和比较成熟的网络安全防范技术主要有：防火墙技术、数据加密技术、访问控制、防御病毒技术、入侵检测技术、包括数字签名和鉴别手段在内的身份认证技术等。① 软件错误存在于每一个操作的代码中，虽然有许多标准体系，但被人们经常引用的似乎是每千行代码中，至少有10—20个错误。多数软件错误在软件开发和质量保证程序中经过多层级测试而被发现。犯罪团体、网络黑客和网络间谍机构和制造网络武器的军队都可寻找可资利用的软件错误，这是最大的问题。但网络安全问题主要是人为造成的，网络犯罪、黑客攻击、网络间谍和网络战等，在不同的层次上威胁着网络安全，它们之间存在着相互交叉、错综复杂的关系。

互联网TCP/IP协议族的先天不足以及安全漏洞的大量存在，网络服务器、路由器、芯片等硬件产品中藏匿的隐患，为病毒、蠕虫、垃圾邮件、木马程序等的泛滥提供了可乘之机，使得黑客、罪犯等恶意利用网络的行为体大行其道，造成各种各样的网络安全问题。②

二、破坏性

网络犯罪给世界带来了巨大的危害。2004年，网络犯罪所得首次超过非法毒品销售的利润。“赛门铁克”是俄罗斯一家著名的网络安全公司，根据该公司的研究报告，“2011年全球因互联网犯罪而造成的损失高达1140亿美元，超过了大麻、可卡因和海洛因等毒品走私犯罪的总额”。③ 而据说只需要短短几分钟，精密策划的网络攻击就可以让美国全境的网络断电，破坏航空管制系统，造成核电厂和化学工厂大量事故，干扰警察、军队和情报通信网络，甚至抹除所有金融记录，让数万亿美元消失无踪。为了对付黑客，美国国防部每年要付出300多亿美元，比当年制造原子弹

---

① 王孔祥：《网络安全的国际合作机制探析》，《国际论坛》2013年第3期。

② 同上。

③ 王孔祥：《网络安全的国际合作机制探析》，《国际论坛》2013年第3期；唐岚：《“伦敦会议”探讨网络空间合作》，《世界知识》2011年第24期。

的“曼哈顿工程”费用还要多。①

三、严重性

最近几年以来，全球性的网络安全问题以每年平均30%的速度增加，平均起来“每20秒钟就会发生一起黑客事件，全世界80%的网站都不同程度地存在着安全隐患”。② 美国前国务卿希拉里将“维基解密”事件定性为“盗窃行为”③，如临大敌，严加封杀。美国负责网络安全重要任务的网络司令部司令兼国家安全局主任基思·亚历山大将军说：“防止网络信息失窃、或者免遭黑客的攻击，是一项艰巨的任务。”④ 网络攻击的一个显著特点是基于政治或国家安全的目的，分布式拒绝服务攻击（DDoS）具有相当大的破坏力。2010年的“震网”病毒对伊朗核设施的袭击，充分体现了网络战的非对称性、极高的军事价值等特点，令许多大国都谈虎色变。美国等国组建了网络部队或网络司令部等，严阵以待；全球正陷入一场网络空间的军备竞赛。⑤

四、复杂性

网络安全包括移动安全、云计算安全、企业安全、大数据安全、Web安全、数据安全、APT（高级持续性威胁）攻击、网络隐私、软件安全等众多热点议题；在互联网的内容层、应用层、逻辑层、物理层及个人、企业、国家和国际等层面上，都存在着安全问题；黑客攻击、网络犯罪、网络窃秘、网络战等各种各样的网络安全事件不断发生。美国、中国和俄罗

---

① 东鸟：《中国输不起的网络战争》，长沙：湖南人民出版社2010年版，第198—199页。

② 陈结淼、鲍祥：《〈网络犯罪公约〉与打击网络犯罪的国际合作——兼评我国相关立法的规定》，《安徽警官职业学院学报》2007年第4期。

③ See U. S. Department of State, “Internet Rights and Wrongs: Choices and Challenges in a Networked Word,” http: //www. state. gov/secretary/2011/02/156619. htm. （上网时间：2011年7月13日）

④ 柯江宁：《美网络司令部拟成立网络“猎人队”》，载《科技日报》2011年12月13日，http: //www. stdaily. com/kjrb/content/2011 - 12/13/content_398632. htm。（上网时间：2011年12月13日）

⑤ 王孔祥：《网络安全的治理路径探析》，《教学与研究》2014年第4期。

斯等大国在网络安全措施的含义、范围和目的等问题上存在争议。①

中国是网络安全的坚定维护者，坚决反对并依法打击任何形式的网络攻击和网络窃密行为，坚决禁止并严厉打击各种形式的黑客攻击，这一立场是一贯的、明确的。黑客攻击是全球性问题，是各国面临的共同挑战，需要国际社会合作。根据中国国家互联网应急中心报告，仅 2021 年 2 月，中国境内就有 83 万个 IP 地址对应的主机被 8734 个木马或僵尸程序控制，其中 70% 来自境外。事实上，我们都看到，美国才是世界上最大的“黑客帝国”“窃听帝国”。中国多次重申，网络空间具有虚拟性强、溯源难、行为体多样的特点，在调查和定性网络事件的时候应基于充分证据，而不是无端猜测指责，网络攻击溯源是复杂的技术问题，不能无中生有、随意猜测，更不能在拿不出证据的情况下向特定方泼脏水，这种做法不仅不负责任，而且别有用心。将网络攻击直接与政府相关联，更是高度敏感的政治问题。中方坚决反对任何国家或机构借网络攻击问题向中国泼脏水，或利用网络安全问题服务于其政治目的。中方愿同各方加强对话合作，共同应对网络安全威胁。

① 王孔祥:《网络安全的治理路径探析》,《教学与研究》2014 年第 4 期。

第五章　网络安全治理的争鸣与探索

面对网络安全治理，各国需要共同做出努力，澄清网络安全作为一种全球公共产品的属性；避免单边霸权横行，积极参与互联网安全治理规范的制定。实际上，就网络安全的全球公共产品属性达成共识，推进网络安全的公共治理，直接关系到能否通过网络安全治理制度设计，打造一个真正公正、开放、合理的公共“虚拟空间”。①

第一节　各方的主张与分歧

网络空间的主体复杂多样，技术能力悬殊，甚至存在天壤之别，尤其是主权国家和互联网企业等重要的非国家行为体。这些主体对网络安全的认识、判断、理念、战略和政策各不相同，有的甚至相互竞争、对立、冲突，成为网络安全领域的不安全因素。

美国一直企图凭借其强大的互联网实力，来追求网络霸权，进而实现其独霸世界的野心，因此在网络安全领域采取咄咄逼人的攻势，对中国、俄罗斯等国家采取防范加遏制的打压政策，甚至运用国家力量对华为、中兴等先进的5G企业极力排斥、压制。中国秉承网络空间命运共同体的理念，主张在网络安全领域开展合作，通过联合国、国际电信联盟等多边机制来共同应对任何一国都难以单独应对的网络安全威胁和风险。广大发展中国家和大多数西方国家一样，都反对美国在网络安全领域制造对抗、分裂，反对美国的网络霸权和单边主义政策。

---

① 任琳：《网络安全：一种全球公共产品?》，《广东外语外贸大学学报》2013年第6期。

一、网络霸权主义

互联网时代强化了霸权主义、强权政治，并将其扩展到了虚拟空间。不论是西亚北非局势动荡，还是斯诺登曝出的国际监听丑闻，无不显示网络无净土、网络霸权一直存在。西方发达国家依托其网络技术优势，在国际网络空间长期占据霸主地位，推行网络霸权主义。

互联网时代的霸权主义集中体现为技术霸权与话语霸权。比如，美国拥有全世界13个根服务器中的10个，包括唯一的主根服务器，并实际控制国际互联网名称和编号分配公司（ICANN），管理着全球互联网的域名体系和IP地址分配。西方发达国家还掌握诸多互联网核心技术，制定互联网技术标准，并直接或间接地垄断国际互联网的各种规则制定。凭借网络技术优势，西方发达国家还以自由、民主等为幌子，在国际网络空间推行其价值观，侵犯他国网络主权。① 一些发达国家利用信息技术优势开展网络监听、网上拦截、植入病毒等进而实现操控他国的目的；还利用网络社交平台散播煽动性、行动性信息，实现动摇和颠覆他国、进行政权更迭的政治目的。

作为占据压倒性综合优势的霸权国家，美国在网络空间实施了大量危及其他国家网络安全的行动，较具有代表性的包括：1997年正式通过国防部授权国家安全局研发计算机攻击能力，微软视窗NT4的Service Pack 5中被发现包含国家安全局的安全秘钥；Linux操作系统的Kernel模块中可能被植入国家安全局的后门；斯诺登披露的“棱镜系统”系列文档中证实美国谋求发展并运用全网监控能力获得海量情报；大量通过美国的光纤骨干网内传输的数据被国家安全局监控；国家安全局通过定制接入行动对运往特定目标的硬件实施后门植入行动；在某些特定目标使用的硬盘固件中放置方程式监控软件；对伊朗的离心机实施网络攻击；2015年7月31日，美国政府匿名官员公开宣称，在中国大陆计算机网络中植入了数以千计的“嵌入系统”。而以“伊斯兰国”为代表的国际恐怖主义组织，则利用网络传播极端主义主张，煽动“独狼式”恐怖袭击，发布恐怖视频扩展影响，

---

① 匡文波、童文杰：《携手共建网络空间命运共同体（治理之道）》，《人民日报》2017年6月1日，第7版。

跨国策划、组织乃至实施恐怖袭击。

无论是互联网发展历史上，还是今天，对于美国本土乃至全球互联网的掌控，除了软硬件和资源等大环境的战略，还有包括对于互联网全球治理规则的主导，任何国家都无法与美国相比。美国发展并初步完善了一套以“互联网自由”为核心概念，以“控制—塑造”为基本特征的进攻型互联网自由战略。①

自从2012年明确宣布组建网络任务力量以来，美国网军司令部及其任务力量，也就是美国的网军部队，始终是世人关注的焦点。根据美国政府从2010—2015年间公布的各项战略文件，美国正在建设中的网军是一支典型的军民融合、攻防兼备的非传统力量，其承担的任务，包括保护美国军事网络和战场局域网的安全、保护美国国内外关键基础设施免受可能造成重大后果的网络攻击，以及确保美国的战略决策者、包括总统和国防部长，能够在危机和冲突管理的过程中拥有一种全新的选项，即以网络手段实施战术、战役和战略级别的有效威慑。②

美国网军司令部及其任务力量的建设，受美国国家安全大战略的影响，不是先建设后行动，而是边建设边行动，甚至在最为敏感的网络攻击领域，是先行动后建设。根据已经被广泛公开的各项资料，冷战结束之后，美国国防部与安全机构在网络空间的攻击行动实践，最早至少可以追溯到1991年第一次海湾战争期间，当时通过激活事先植入的病毒芯片，美国成功地在“沙漠风暴”空袭行动之前瘫痪了伊拉克防空司令部的内部网络；1997年美国国防部正式授权美国国家安全局研发计算机网络攻击能力；③ 1999—2000年，美国波音公司借助美国国家安全局的“梯队系统”监控欧洲空客公司的加密商业通信，以谋求赢得对沙特的飞机出口订单；2001年“9·11”恐怖袭击事件之后，美国国防部和国家安全局在反恐战争的框架下研发了全面信息感知系统与“棱镜系统”等广为人知的监控系统；2005年前后，美国国家安全局通过实施“奥林匹亚”行动，借助网络

---

① 张志安主编:《网络空间法治化——互联网与国家治理年度报告(2015)》，北京：商务印书馆2015年版，第93、123页。

② 沈逸:《美网军部队成型将挑战网络空间战略稳定》,《21世纪经济报道》2016年7月18日，第6版。

③ 同上。

武器“震网”病毒，成功地迟滞了伊朗获取浓缩铀的进程。①

2017 年 5 月爆发的“勒索”病毒就是美国人搞出来勒索全世界的。在全球肆虐的勒索病毒“想哭”（WannaCry）本来就是 FBI 的杰作。2017 年 5 月，因成功破解在全球肆虐的勒索病毒“想哭”（WannaCry），英国 23 岁的电脑专家哈钦斯（Marcus Hutchins）一举成名，并被视为英雄。

2019 年 10 月，美国国家安全局成立一个名为“网络安全理事会”的下设分支机构，旨在整合情报收集、网络防御等任务。

2020 年 8 月 5 日，时任美国国务卿蓬佩奥宣布发起针对中国的“清洁网络”计划，意味着美方工作从关注单个企业/行业转入到着手整体产业链生态的新高度，构成重大时间节点。蓬佩奥称这一计划是特朗普政府为保护美国公民隐私和美国公司最敏感信息的一项全方位的计划，列出了特朗普政府下一步在网络领域对华政策执法的主要工作任务和目标。

蓬佩奥宣布的 5 条工作主线包括：清洁运营商、清洁应用商店、清洁移动应用、清洁云以及清洁电缆；另外，该宣言中提到，这 5 项工作主线是 2020 年 4 月 29 日宣布的清洁 5G 路线的延伸。“清洁网络”计划作为一项先导性政策声明，蕴含美方后续的法规与执法走向，尤其是该声明中明确的美国政府推进“清洁网络”计划所覆盖的 5 条工作主线。

2017 年美国《国家安全战略》将数据驱动的分析、外交、信息共享、定向干预等作为优先关注内容，重视国家层面的战略合作、灵活及时的资源分配，这些举措几乎都是进行对外干预的支撑，不免让人想起类似“五眼联盟”在干涉他国内政时干下的勾当。

“五眼联盟”是指澳大利亚、加拿大、新西兰、英国和美国之间密切的情报共享伙伴关系，这种伙伴关系源于二战期间的美英情报共享。伙伴关系包括五国信号情报（SIGINT）、安全和警察部门间的密切协作。其特点是：一是五国间具有长期、紧密的安全合作；二是美国被公认为全球领先的网络强国和《网络威慑倡议》（CDI）的倡导者；三是五国中已有四个承认网络攻击能力；四是它们具有联盟国家的共同性质；五是这些国家情报机构都具有问责机制。

---

① 沈逸：《美网军部队成型将挑战网络空间战略稳定》，《21 世纪经济报道》2016 年 7 月 18 日，第 6 版。

澳大利亚战略政策研究所将“网络攻击能力”（OCC）定义为：“在网络作战背景下，拥有能力意味着拥有资源、技能、知识、作战概念和程序，能够在网络空间产生影响。进攻性网络作战使用网络攻击能力，在网络空间或通过网络空间实现目标。”

（一）美国

美国在网络空间作战方面历史悠久。其各种公开文件和政策声明都定义了与网络空间活动和能力相关的术语，并概述了战略和理论，包括决策过程、组织结构和规则。2018 年美军联合出版物 JP3 – 12 号《网络空间作战》是美军对一般网络空间作战（CO），特别是进攻性网络空间作战（OCO）的权威解释。该文件对进攻性网络空间作战进行了详细介绍，将其定义为:“为支持国家目标而在外国网络空间投射力量的网络空间作战任务。进攻性网络空间作战可专门针对对手的网络空间功能，或在网络空间中创造一级效应，把严密控制的级联效应带入物理域。”进攻性网络空间作战任务也可能使用武力，包括对敌系统造成物理毁坏或摧毁的行动。网络任务目标可通过各种行动而实现，包括“网络攻击”。网络空间攻击作战在外国网络空间进行，旨在创造“明显的拒止效果”，如削弱、毁坏、摧毁和操纵。美国已公布大量直接描述或涉及网络攻击能力的文件。在这方面，美国是透明的，且似乎乐于讨论这种能力及其理论，但不透露能力本身的信息，也不透露其他敏感细节。

美国《2019 财年国防授权法案》（NDAA）明确规定：“对于与网络空间、网络安全和网络战有关的问题，美国应制定政策，应运用一切国家力量工具，包括使用网络攻击能力，阻止和回应所有针对美国利益的外国势力进行的网络攻击或恶意网络活动。”美国将发展并适时展示网络能力，让任何针对美国的外国势力付出代价。值得注意的是，《国防授权法案》修订了《美国法典》第 10 卷，该卷是美国法典的法律条文，概要说明了美军的角色定位。法典扩大了美国网络司令部的权力，使其能够在网络空间以及并无敌对状态的环境下、或是敌对状态地区以外进行传统军事活动。这一扩展使美国网络司令部更方便开展网络作战，因为它消除了第 10 卷引起的部门间摩擦，这种摩擦一直限制其在战区外开展网络作战。如 2018 年，《国防授权法案》允许美国网络司令部对俄罗斯“互联网研究机构”的巨魔农场进行秘密军事行动，在第10卷修订前这是不允许的。《国防授权法案》第1642条授权美国防部对俄罗斯、中国、朝鲜、伊朗四个国家实施进攻性网络空间作战；并指出，如果这4个国家对美国进行“积极、系统、持续的攻击”，则可授权美网络司令部“对外国网络空间采取相应行动破坏、击败和制止此类攻击”。此外，美国对国防部实施网络空间作战的授权进行了重大更改。2018年8月，美国“国家安全总统备忘录13”（NSPM13）更新了这些授权。

据报道，至2019年5月，这些更改使美国网络司令部实施的网络空间作战比过去10年的总和还多。“国家安全总统备忘录13”使美军可以更加轻松地参与“低于使用武力或可能导致死亡、毁灭或重大经济影响的行动”。由于该备忘录属密级文件，尚不清楚哪些具体规则指导进攻性网络空间作战，但联合出版物JP3－12号《网络空间作战》等文件明确规定，美国国防部必须以“与美国国内法、适用的国际法以及相关美国政府和国防部政策一致”的方式实施网络空间作战。近期的战略文件还强调了联合国网络稳定框架如何管理网络攻击能力的使用。2018年《美国国家网络战略》（NCS）强调在网络空间采取更积极的方式，如“向前防御”和“持续接触”，指出美国将鼓励普遍遵守国际法和全球商定准则作为优先行动。这一优先事项在2018年《美国国防部网络战略》中得到重申，美国国防部承诺，加强“和平时期负责任国家网络空间行为的自愿、非约束性规范”。

尽管美国鼓励所有国家遵守联合国的负责任国家行为规范，但其自己似乎不想在政治上承诺遵守这些规范。例如，美国是唯一没有签署《巴黎网络空间信任与安全倡议》的“五眼联盟”国家，该倡议由法国于2018年提出，呼吁各利益相关者共同努力，采用9种非约束性原则，增进网络空间信任、安全和稳定。但是，美国没有明确承诺遵守其倡导的联合国规范。美国的观点是：威胁来自国家行为，也来自该国如何使用网络能力，而并非来自技术或能力本身。美国表示，虽然希望所有国家共同行动应对网络空间威胁，但现实是一些国家不愿如此。因此，联合国的任何协议“都需要反映这样一个现实，即当集体行动不可行时，每个国家可能需要采取措施独自应对网络空间威胁”。

美国的立场与俄罗斯、中国、古巴、伊朗等国的主张形成鲜明对比。

这些国家呼吁，为增强网络空间的国际稳定，避免网络空间“军事化”，有必要签署一个具有国际法律约束力的条约。该条约将禁止或限制联合国成员国使用网络攻击能力。在2016—2017年联合国政府专家组结束工作时，美国代表米歇尔·马尔可夫表示，美国无法接受专家组报告，该报告未解决如何将国际法应用于国家对信息和通信技术使用的问题。美国的立场是，各国必须通过合法途径应对恶意网络活动，明确表示国际法适用于网络空间活动。美国网络司令部2018年发布了《美网络司令部愿景：实现并维持网络空间优势》，在该愿景中，美国在网络空间军事能力方面的表态更为直白，称美国有权做出强力回应。这一表态表明，美国在保留单方面维护自身利益的同时，更愿意采取集体行动。它也体现了美国的立场，即军事介入网络空间是不可避免的现实，美国不会回避这一现实。事实上，当前美国网络空间的战略思维已经从防御战略转向一种更积极的方式，即要让违背负责任国家行为规范的恶意行为者付出代价。

2018年《美国国家网络战略》明确指出，通过“加强美国、盟国和伙伴国的能力，威慑并在必要时惩罚”那些网络空间行为不端者，维护和平与安全。2018年出现了两种施加后果的方法：持续接触和集体威慑。虽然美国等多国都宣称，对网络攻击的回应不一定通过网络空间，但现有战略和政策表明，回应确实可以通过网络空间实现。美国所谓的“以力量维护和平”有两个主要目标：一是通过负责任国家行为规范加强网络稳定；二是对网络空间中不可接受行为进行归因和威慑。在努力促进全球共识和遵守规范的同时，美国还打算确定与伙伴国的合作方式，在自己或伙伴国受到“不负责任”和“恶意”网络伤害时，实施“迅速、昂贵和透明”的回应。为此，《美国国家网络战略》宣布，制定和发展《网络威慑倡议》，称将与志同道合的国家合作，协调和支持彼此对“重大”恶意网络事件的响应。关于《网络威慑倡议》的公开资料很少，其中一个原因可能是集体归因。

总之，美国对其网络攻击能力的态度一直是较透明的，尤其是关于使用方法的军事理论及网络攻击需遵守的规范、规则和国际法律原则。美国肯定各国有权使用网络攻击能力，但并未呼吁其他国家透露使用方法，并且自己也不透露。美国还明确表示，愿意与盟国和伙伴国进行集体合作，坚持在必要时采取单边行动的权利。在战略上，美国转向更为积极的方式，确保对恶意网络活动的威慑。这可能表明，美国希望将网络攻击能力当作一种合法手段，对违反现有国际规范和法律的行为做出回应或防御。然而，尽管美国可能确实在公开文件和声明方面对网络攻击能力相对透明，但回避讨论使用网络攻击能力的历史案例，如针对伊朗核设施的“震网”病毒（Stuxnet）攻击。如果像大多数评论人士怀疑的那样，美国确实在“震网”病毒攻击中扮演了重要角色，那么这将是美国无视其所倡导的规范规则的一个例证。诚然，“震网”病毒攻击发生在联合国对国际法和不具约束力规范达成共识前，但近期的网络攻击可能是秘密行动，且鉴于美国本身并未明确承诺遵守联合国网络稳定框架，因此很难说，美国在作战层面对其网络攻击能力公开透明。

（二）英国

2013 年，英国宣布发展网络战能力，包括“打击能力”。5 年后，英国情报机构——政府通信总部（GCHQ）负责人透漏，该机构发展和使用“攻击性网络技术”已有十余年，“在线行动对现实世界具有直接影响”。英国政府通信总部还宣布，已与英国国防部合作，对“伊斯兰国”极端组织成功发动了“大规模网络攻击”。政府通信总部指出，这种网络攻击行动可以拒止、破坏、威慑或摧毁各军种、活动、组织和网络。在英国国防部发布的联合条令备忘录 1/18 号《网络电磁活动》中，网络作战被描述为“网络空间内外活动的规划和同步，以实现机动自由和军事目标”。进攻性网络作战具体指“在网络空间或通过网络空间投射力量，进而实现军事目标的活动”，此外还包括“在网络空间投射力量，达到创造、拒止、破坏、削弱和摧毁效果的活动”，而此类行动“可能超越虚拟领域，在物理和认知领域产生效果”。进攻性网络作战“还可造成暂时或永久影响，从而降低对手对网络或能力的信心”。

英国议会情报与安全委员会（ISC）负责监督政府通信总部工作，据该委员会 2016—2017 年度报告，英国国家进攻性网络计划（NOCP）涉及“全部能力”，从战术措施到高端网络攻击能力，“该能力可能永远不会使用，但仍属于高端威慑力量”。报告还透露，英国情报部门和军方认为，网络攻击能力涵盖一系列能力，包括遭到网络攻击后的报复能力、攻击系统和基础设施能力，并可能扩展到对“现实世界”的破坏。关于这些能力的具体内容，目前尚无公开说明。英国始终直言不讳地强调，其网络攻击能力与国际法保持一致，并一再呼吁其他国家也要这样。政府通信总部表示，只有在“符合国内法和国际法、满足必要性和相称性，并在所有常规监督的情况下”，才会使用网络攻击能力。这一表态反映在英国《国家网络安全战略2016—2021》（NCSS）中。该战略宣布，英国将“更积极破坏对手的活动和基础设施”，同时促进国际法在网络空间中的应用。但是，政府通信总部指出，国际法律原则在网络空间范畴内尚不完善，国际法的适用性可能“差异很大”。在联合国，英国对那些声称担心“网络空间军事化”的国家进行了谴责。英国认为，网络能力具有双重用途，可以“以符合国际法的方式”发展使用，各国应该对军事网络能力保持透明，并提供管理这些能力的法律规则和监督机制的相关信息。网络能力的透明会带来可预见性和共识，进而带来稳定。英国指出，在许多情况下，在军事背景下使用网络能力，可能比使用动能武器更可取。各国在发展和使用军事或其他网络能力时必须遵守国际法，并“以联合国政府专家组的报告为指导”。尽管英国宣布坚决根据国际法规定的义务使用网络攻击能力，却不太遵守联合国负责任国家行为规范，仅表示将“考虑进去”。

与美国一样，英国认为，网络能力本身并不是威胁，当国家或其他行为者将这些能力用于“与国际和平与安全不一致的目的”时，威胁才会出现。为应对来自国家行为体的网络威胁，英国将与国际伙伴共同加强和推动联合国网络稳定框架，并可能使用网络攻击能力进行响应。英国《国家网络安全战略2016—2021》明确指出，英国网络攻击能力的主要目的是威慑，英国将保留通过网络空间攻击行动破坏、追击和起诉敌对行为者的权利。也就是说，与美国一样，英国保留与威慑无关的进攻性活动的可能性。正如《国家网络安全战略2016—2021》指出的，英国将确保拥有“适当的网络攻击能力，根据国家法律和国际法，可在我们选择的时间和地点部署该能力，以达到威慑和作战目的”。与美国《网络威慑倡议》一样，在增强进攻能力及共同认定和应对恶意网络活动方面，英国也强调与盟国合作的重要性，特别是美国、五眼联盟、北约和欧盟国家。政府通信总部支持就“进攻性网络交战规则”寻求国际共识，并在“集体防御”和“安全合作”的重要性上呼应美国。英国关于网络攻击能力公开的细节文件较少，并与美国一样，英国不承诺遵守联合国网络稳定框架。可能由于网络大国的规模和地位，英美是“五眼联盟”中明确表示有权在必要时在网络空间采取单方行动的两个国家，但这违反了《联合国宪章》和国际法。《网络威慑倡议》的一些缔约方，如英美两国，不明确承诺遵守联合国网络稳定框架，这一事实可能会使其他国家质疑英美网络攻击能力的公开立场是否可信。

世界各国都在加速发展网络攻击能力，但在公开承认该能力方面（如果有的话）存在不同。许多国家认为，发展甚至使用网络攻击并不会有害或破坏稳定，而是取决于如何使用，只要网络攻击能力的使用符合公认准则和国际法律义务，就是合法的。2020 年 6 月 29 日，中国外交部发言人赵立坚主持例行记者会。赵立坚强调，“五眼联盟”情报合作同盟长期违反国际法和国际关系基本准则，对外国政府、企业和人员实施大规模、有组织、无差别的网络窃听、监听、监控，这早已是世人皆知的事实。

二、网络主权论

主权平等原则是《联合国宪章》和国际关系的基本原则。主权是国家才享有的基本权利，其对外方面，即独立权与平等权；其对内方面，即管辖权与自卫权。国家的管辖权，通常包括属地、属人、保护性和普遍性管辖权。属地管辖权的适用空间为国家的领土，通常包括领陆、领水、领空和底土。随着生产力的发展和科技的进步，人类行为的空间从陆地、海洋延伸至空气空间、外层空间——这些都是自然存在的空间；20 世纪 60 年代以来，随着互联网的发明和应用，人类开拓了一个新的空间——网络空间，这个空间完全是人造的，和自然空间有着很大的不同。一直以来，关于国际法适用于网络空间最突出的争论之一，是网络空间的国家主权问题。对于主权平等原则是否适用于网络空间，曾经有过“否定说”与“肯定说”的激烈争论；前者以美国为代表，主张互联网自由，反对国家对网络空间行使管辖权；“互联网自由”及“互联网独立”等观念，是以美国在网络空间曾经占据过的压倒性优势为依据和背景的。后者以中国为代表，认为网络空间不是法外之地，强调网络主权是国家主权的延伸和发展。

争论焦点之一是：主权仅仅是产生具有约束力的国际法规则的一项国际法原则？还是它本身就是国际法的初级规则，通过网络手段侵犯主权将构成国际不法行为？只有英国公开采取了第一种立场，而其他一些国家（芬兰、法国、伊朗以及新西兰等）将主权既看做是国际法原则，也看做是国际法规则。还有一些国家仍然持观望态度，要么不发表意见，要么讨论这个问题但采取不坚定的立场，以色列就属此种情况。经过国际社会的多年实践，网络主权事实上已经得到普遍承认，各国的立法、行政、司法等主权行为相继覆盖了网络空间。

国家主权原则是现代国际关系和国际法的基石，当然适用于网空。国家主权是现代国际关系和国际法的基石，覆盖国与国交往的各个领域，其原则和精神自然适用于网络空间。2003 年联合国信息社会世界峰会通过的《日内瓦－原则宣言》明确宣布：互联网公共政策的决策权是各国的主权。2013 年联合国信息安全政府专家组对此作出明确宣示：国家主权和源自国家主权的国际规范和原则适用于国家进行的信通技术活动，以及国家在其领土内对信通技术基础设施的管辖权。2013 年，联合国信息安全政府专家组的报告对于哪些国际规范和原则适用于网络空间给出了回答，确认国家主权及其衍生的国际准则与原则，适用于国家开展的信息通信技术相关活动，也适用于各国对本国领土上信息通信技术基础设施的司法管辖。上述相关共识是国际社会对主权原则适用于网络空间问题取得的重要进展。专家组的 2015 年报告在此基础上进一步充实了网络空间国家主权，明确了主权平等、不干涉内政原则、对境内网络设施的管控义务等内容。上述共识表明，国家主权及其衍生的国际准则与原则适用于网络空间并已得到国际社会的普遍认可。

习近平提出尊重网络主权、构建网络空间命运共同体的正义主张，是对国家主权理论的拓展和延伸，是对网络强权国家恣意行为的有力警示。中国坚持平等自主、互利共赢的原则积极参与全球互联网的治理，参与互联网国际技术标准制定、网络基础设施建设和国际互联网组织合作，举办世界互联网大会等,[①] 就是为了使全球互联网治理体系更加公正合理，更加平衡地反映大多数国家意愿和利益，实现国际公平正义。

网络主权要求，各国应尊重彼此自主选择发展道路、治理模式和平等

---

① 陈家喜、张基宏：《中国共产党与互联网治理的中国经验》，《光明日报》2016 年 1 月 25 日，第 2 版。

参与网络空间全球治理的权利；各国有权根据本国国情，借鉴国际经验，制定有关网络空间的公共政策和法律法规；任何国家都不搞网络霸权，不利用网络干涉他国内政，不从事、纵容或支持危害他国国家安全的网络活动，不侵害他国信息基础设施。① 相应地，制定和实施本国的网络发展战略、选择符合本国国情的网络发展模式，以及制定和实施网络安全战略、维护本国的网络空间安全，也是网络主权的题中应有之义。

数据主权是网络主权的构成部分。数据主权是指个人、组织或政府对其在本地或在线平台生成和使用的数据的控制程度。失去数据主权会对个人信息安全、社会公共安全和国家安全造成严重威胁。

三、网络战与自卫权

当今社会高度互联互通，高度依赖数字技术，即便是不精通网络安全问题的人也能明白，任何与互联网相联的物体均容易受到来自世界任何地点的网络威胁的危害。

有关网络空间现有及潜在威胁的政府间讨论正在激烈进行，这些关系重大的问题包括：在军事网络行动中适用国际人道法（亦称战争法或武装冲突法），如何能够帮助避免此类行动对平民造成的重大威胁；以及网络问题为何关乎所有国家，等等。

（一）军事网络行动为何涉及人道问题?

网络攻击及其后果对世界各国而言都是一项重要议题。军事网络行动也逐渐成为当今武装冲突的一部分，而且会扰乱平民所需的重要基础设施和关键服务的正常运作。例如，卫生系统的数字化程度和互联互通性正在日益加深，但此类系统往往未受到保护，因此尤其容易遭受网络攻击。在武装冲突中，水电基础设施或医院往往会因炮击而遭到损毁，导致相关服务难以全力运作甚或完全无法运作：可想而知，此时如果再发生一场重大网络事件会造成何种影响！后果将不堪设想。这会让本已在冲突与暴力局势中挣扎求生的平民处境更为艰难。

---

① 习近平：《携手构建网络空间命运共同体》，世界互联网大会组委会，2019 年 10 月。

人们也越来越依赖于新数字技术为人道项目提供支持，例如通过信息采集和利用来影响或调整应对策略，或者促进人道工作者与受冲突或暴力局势影响的平民之间的双向交流。但此类技术也会使我们易受网络行动影响，削弱我们在人道紧急局势中提供保护和援助的能力。

此外，受影响的民众遭受蓄意和意外伤害的风险日益增多，尤其是交战各方滥用数据，或散布错误信息、虚假信息以及仇恨言论所带来的风险。

尽管仅少数国家公开承认曾使用网络手段支持其军事行动，但据估计，超过100个国家已经发展出或正在发展军事网络力量。幸运的是，武装冲突中的网络行动并不发生在法律真空中：它们受国际人道法的规制。

（二）国际人道法何时适用于网络攻击之类的行动？

全世界每天都会发生无数次网络行动，包括网络犯罪、网络间谍活动以及许多人所说的“国家支持的行动”。但其中大多数行动并不适用国际人道法：该法仅适用于在武装冲突背景下实施的网络行动。

在当前正在进行的有关网络问题的联合国进程中，国际人道法对网络行动的可适用性问题确实仍存在争论。但对于实务工作者而言，这一问题就没有那么具有争议性了。他们几乎全部支持将国际人道法适用于武装冲突期间的网络行动。如持相反意见，则会得出一个荒谬的结论：虽然使用导弹攻击某一医院为国际人道法所禁止，但此项禁止性规定并不保护同一医院的电脑、医疗设备和网络免受攻击的危害。

“国际人道法在这一问题上立场明确：正如国际人道法限制武装冲突期间任何其他新式或旧式武器、作战手段和方法一样，该法也对武装冲突期间的网络行动加以限制。”国际法院也持这一观点。

一个更为复杂的问题是，网络行动本身能否引发国际人道法的适用。关于国际性武装冲突的一项共识是“只要国家间诉诸武力，即存在武装冲突”。然而，对于并不会对军用或民用基础设施造成物理破坏或毁损的网络行动而言，认定存在武装冲突的标准是什么？这一点仍有待明晰。

（三）“网络战”是否仅与技术先进的国家有关？

网络战并非仅事关拥有先进技术的国家，而且也不应如此。网络空间本身就具有高度互联互通性。因此，在网络空间针对一国实施的攻击，无论是否蓄意，也会影响许多其他国家，无论其在世界何处。

近年来，这一情况时有发生：恶意软件迅速传播时，几乎没有国家能幸免于难，此类软件会导致政府机构无法运作，企业、物流中心瘫痪，经济损失和修复成本可能高达数十亿。在武装冲突中，如果遵守国际人道法，就能够避免或至少限制军事网络行动所带来的此类不分青红皂白的全球影响。

因此，有效规制武装冲突期间的网络行动事关所有国家，不论其技术发展水平如何、军事网络力量高低或是否参与武装冲突。

（四）现行国际人道法是否足以适用于网络空间？是否需制定新的网络公约？

正如国际法院所指出的，国际人道法的一大优势就是该法旨在适用于“所有形式的战争和所有类型的武器”，包括“未来的战争和武器”。

国际人道法的基本规则简单易明：禁止攻击平民和民用物体；不得使用不分青红皂白的武器，不得实施不分青红皂白的攻击；禁止实施不成比例的攻击；医疗服务必须受到尊重和保护。

“所有军事行动，不论是动能行动还是网络行动，均适用同样的规则和原则，包括人道原则、军事必要原则、区分原则、比例原则和预防措施原则，这些原则均须得到尊重。”

然而，一些问题在各国和部分专家间仍备受争论，因而有待阐明。例如，对于（网络空间所特有的）民用数据是否应享有等同于民用物体的保护，仍存在不同意见。如果姑且不考虑法律可适用性的问题，在法律解释方面也一直存在此类争论。

决定是否需要为网络空间制定新公约的问题，已超出在武装冲突期间使用网络行动的讨论范畴，涉及其他诸多国际法问题。

在网络空间使用武力问题上，既要研究如何适用现有法，包括诉诸武力法和武装冲突法，也需要就没有明确规定的问题制定新的规则。如果需要制定规制武装冲突期间网络行动的新规则，这些规则必须建立在现有法律框架之上（尤其是国际人道法）并对其加以巩固；而且，在任何其他规则制定成文之前，武装冲突期间的任何网络行动均须遵守国际人道法的现有规则。

（五）国际人道法是否会为网络空间军事化或网络战赋予合法性？

答案是否定的。确认国际人道法适用于武装冲突期间的网络行动并不代表网络战的合法化，正如国际人道法并不会使任何其他形式的战争合法化一样。

实际上，政府间讨论中曾多次提出对于战争可能获得合法化的担忧。不过，1977年，各国在1949年日内瓦四公约的《第一附加议定书》序言中对这一担忧进行了回应，该序言声明：国际人道法不得“解释为使任何侵略行为或任何与联合国宪章不符的武力使用为合法或予以认可”。

国际人道法与《联合国宪章》两者互不相同但又互为补充。具体而言，《联合国宪章》禁止除自卫和联合国安理会授权之外的武力使用；《联合国宪章》还要求，应通过和平手段解决国际争端。然而，如果爆发武装冲突，则适用国际人道法，该法为民用物体和并未参加（平民）或不再参加（例如伤兵或被拘留者）敌对行动的人员提供了重要保护。

国际人道法并不会取代或排除《联合国宪章》，而是在不幸爆发武装冲突时为所有受害者增加了一层保护。

（六）关于审慎、归因与反措施

近年来，随着信息技术的不断发展以及信息化程度的不断提高，网络攻击逐渐成为威胁国家安全的主要因素之一，特别是针对国家军队或政府部门的网络攻击事件频繁发生，并由此引发了一系列新的国际法问题。网络攻击中的国家自卫权行使问题，引起了国际社会的广泛关注，[①] 网络攻击的隐蔽性和难溯源性特征，导致在网络攻击中很难确定攻击的发起者的身份，从而为国家自卫权的行使造成了很大的挑战；网络攻击所依存的网络空间是否存在网络主权也一直是国际社会不断争论的焦点；[②] 网络攻击

---

① 王明辉：《网络攻击中国家自卫权行使研究》，上海师范大学硕士学位论文，2018年。

② 同上。

作为当代的新型战争武器，具有改变战场的潜力。这类武器与传统的诉诸武力的手段具有不同的性质，同时具有可以对一国重要基础设施造成大规模和广泛破坏的能力，国际社会必须在现有的诉诸武力的范式内就网络行动的意义达成共识，并就相关管辖规则进行立法；必须支持遭受网络攻击受害国的自卫权，并通过解释有关国家责任的归责原则，将责任归因于进行网络攻击的政府；同时，必须采取行动防止这些政府逃避国家责任。①《联合国宪章》第 2 条第 4 款“禁止使用武力原则”和第 51 条“武装攻击”是国家自卫权的行使的前提，即网络攻击构成“使用武力”、且达到构成“武装攻击的”高度，才能触发国家自卫权的行使。另外，针对非国家行为体和非国家行为体进行区分将行为归因于国家，以便明确国家责任。自卫权作为国家的一项基本权利，其行使应当受到一定的限制。一国行使自卫权之前应当向安理会履行报告的义务，同时，还应当坚持相称性和必要性原则的要求，从而使自卫权的行使符合国际法的规范。②

与主权一样，是否存在适用于网络空间的审慎义务的问题仍未解决。《塔林手册 2.0》将审慎义务明确界定为适用于网络行动的一般国际法原则（规则 6）。联合国信息安全政府专家组（UN－GGE）报告显示了审慎原则是“负责任国家行为的自愿的、不具约束力的规范”。在国家实践或法律确信中没有任何依据可以得出审慎义务适用于网络空间。在这一问题上，以色列的立场与其他大多数西方国家形成了鲜明对比。

关于归因和反措施，以色列的立场与芬兰、新西兰等国最近发表的立场一样，《塔林手册 2.0》的专家也采取同样的立场（规则 17 和规则 21）。

2020 年 3 月 2 日，美国国防部总法律顾问保罗·内（Paul Ney）在美国网络司令部年度会议上发表主旨演讲，阐述美国防部关于网络空间的国内法和国际法目标与立场，即服务于美军“靠前防御”（defend forward）和“持续接触”（persistent engagement）战略。这是特朗普政府的官员迄今就这一问题发表的最重要的公开声明。

保罗·内在演讲中称，美国继续主张现有的国际法——特别是与军事

① 王明辉：《网络攻击中国家自卫权行使研究》，上海师范大学硕士学位论文，2018 年。

② 同上。

行动相关的《联合国宪章》、国家责任法和战争法，适用于网络空间中的国家行为。

关于使用武力，保罗·内称军事网络行动可构成《联合国宪章》第2条第4款和习惯国际法意义上的“使用武力”，其门槛则需要参考是否造成人身伤害或物理损坏。

关于禁止干涉，保罗·内说，一国干扰他国举行选举的能力或篡改另一国选举结果的网络行动，显然违反了不干涉规则。

关于反措施，保罗·内提出，需要恶意网络行动的受害国确认该行动违反国际法并可归因于某一国家后，才能采取反措施；反措施的形式不包括使用武力。这两点对此前美国的立场进行了一定的调整或澄清。然而，针对不构成“干涉”或“使用武力”的网络行动，保罗·内则表示，美国国防部将推行“靠前防御”战略，以“从其源头切断或制止恶意网络活动”。

关于战争法，保罗·内称，美国防部的长期政策是遵守战争法；即使在武装冲突背景之外，也要求以战争法的原则“指导军事网络行动的规划和执行”。

总之，网络空间并不是一个法律真空地带，现行国际法，包括《联合国宪章》原则上是应该适用于网络空间的。这一点，在2013年联合国信息安全政府专家组的文件中也得到明确的体现。国际法可以适用于网络空间，这已成为国际共识，但具体的国际法规则在网络空间如何适用，仍存在很大的不确定性。不能自动假定，适用于任何物理领域的习惯法规则也适用于网络领域。若想将其他领域的习惯法规则适用于网络空间，则首先需要确定在其他领域出现的国家实践是否与网络空间设想的活动密切相关；同时，必须确定产生这种习惯规则的法律确信不仅仅适用于某一特定领域。

第二节　网络安全治理的多边机制

网络空间的全球治理应在遵循国际法基本原则与规则的基础上，根据现有科技发展的趋势，形成灵活多样的治理模式。国际社会已进行了一些有意义的尝试。如，八国集团于2011年通过的《多维尔宣言》（Deauville

Declaration）便宣布，“互联网的开放性、透明性和自由性是其发展和成功的关键”，认为此原则及不歧视和公平竞争原则，“必将成为互联网发展的重要力量”。2014 年，经合组织通过了“制定互联网政策的原则”，希望经合组织会员国及其他国家在制定政策时采用。根据该原则，互联网经济实质上是以信息的全球自由流动为基础，故各国需促进互联网的开放，包括跨境服务交付等。一些网络公司和非政府组织亦提出了类似建议。其中，具有代表性的全球网络（NETmundial）通过了全球网络倡议，提出互联网治理的基本原则包括互联网的使用应符合公共利益，多利益攸关方信息流通自由以及互联网用户在网上访问、共享、创建和发布信息应尊重合作者和创作者的权利等。此外，保护人权、民主、公开透明、提倡共识、负责性、非排他性、平等、合作及有意义的参与等亦为全球网络倡议的内容。发达国家和网络公司的前述建议和倡议，更多地是强调各国应根据互联网的特点提供一个适宜的发展环境，而没有关注网络空间给一众发展中国家带来的网络安全与主权威胁。网络公司嗣后的一些建议更加具体，大多以如何加强网络运营的安全、信息保护等为主要方向。然而，网络公司应遵循何原则何规则，国际社会始终没有共识，尽管世人早已意识到此问题的严重性。

一、联合国

处理涉及国际社会共同利益的网络问题，应切实发挥联合国及其专门机构的作用。联合国及其专门机构是现有全球治理平台中的核心，在国际和平与安全和社会治理上发挥着主导作用。① 在网络空间的全球治理中，其理应处于中心地位。

网络空间的快速发展所引发的问题很早便引起联合国的关注。1999 年，联合国大会通过决议，提出“信息技术和手段的传播和利用事关整个国际社会的利益”，呼吁国际社会进行“广泛的国际合作”；同时指出“信息技术和手段可能会被用于不符合维护国际稳定与安全的宗旨，对各国的安全产生不利影响”。联合国还成立了政府专家组就促进网络空间规范的构建提交报告。该专家组后于 2015 年草拟了一份报告，供各国审议。报告

① 马新民：《网络空间的国际法问题》，《信息安全与通信保密》2016 年第 7 期。

内容包括：列国应遵循联合国维持世界和平与安全的宗旨，合作采取措施以加强信通技术使用的稳定性与安全性，不允许他人利用本国领土蓄意破坏互联网基础设施，保护个人隐私在内的人权等。关于网络空间适用的原则与规则，联合国专家组报告认为，“国际法、特别是《联合国宪章》适用于各国使用信通技术，对维持和平与稳定及促进创造开放、安全、和平和无障碍信通技术环境至关重要”。适用《联合国宪章》之所以重要，是因为其根本宗旨是维护世界和平与安全。联合国专家组认为，信通技术的前述特点使其“恶意使用很容易隐藏，要追查到某一特定的犯罪人可能有困难，于是实施者即可采取日益高超的利用手段，而且往往逍遥法外”。遗憾的是，尽管联合国专家组报告建议的规范是在非强制性的法律层面运作，且这些规范均相当简略，但仍无法获得国际社会认可，主要原因是，各国无法就反措施（countermeasures）、自卫和国际人道法的适用等达成共识。

2019 年 9 月 9—13 日，联合国信息安全开放式工作组（OEWG）第一次实质性会议成功召开，12 月 2—4 日，闭会期间多利益攸关方非正式磋商会议召开，这为其今后的工作奠定了重要的基调。2020 年 2 月 10—14 日召开的第二次实质性会议，在此基础上继续细致地讨论了 OEWG 的六大议题。

第二次实质性会议召开时，OEWG 的“开放性”“包容性”和“透明性”特点已充分展现。其面向所有联合国会员国，在闭会期间举办邀请各方（包括工业界、非政府组织和学术界）参加磋商会议的模式，这是一次大胆的尝试。相关发言过程也公开透明、有迹可循。在 OEWG 多利益攸关方磋商会议中尝到“甜头”的澳大利亚、加拿大、挪威、芬兰、德国、爱尔兰和日本等国，则纠结于那些“非经社理事会认可的组织”无法参加实质性会议，认为从 2019 年 12 月闭会期间会议上可见，这些组织的参加是有益的。总的来说，在第二次实质性会议结束之时，OEWG 正如俄罗斯代表所言，“充满普遍乐观的情绪”。

（一）关于信息安全领域的现有和潜在威胁

各国首先对关键基础设施的重要性达成了一定的共识。各国一致认为，对信息和通信技术（ICT）的恶意使用，可能对关键基础设施造成潜在损害，特别是在一个日益相互依存和数字化的社会，保护关键基础设施至关重要。在此基础上，菲律宾表达了对关键基础设施的范围和认定的关注。荷兰和新加坡进一步提出，关键基础设施的概念不受限于国家边界；后者甚至提出“超国家关键基础设施”这一概念。包括中国在内的广大国家普遍认同，技术威胁伴随技术发展并行，此类技术威胁包括物联网、人工智能、大数据、量子计算、供应链完整性和区块链等。包括美国、英国在内的西方国家阵营则提出“技术中立”观点，以一种技术中立的方式应对网络空间现有和正在出现的威胁。这些国家强调，对国际和平与安全构成威胁的不是技术本身，而是技术的使用方式。

（二）关于网络空间负责任国家行为的规范、规则和原则

是讨论2015年联合国全球治理E报告中已有规范？还是探索新规范？代表之间有明显的两极分化：一派强调，应讨论2015年全球治理E报告中已有规范的执行和可操作化问题。如澳大利亚代表认为，在现有规范和可能的新规范之间，应优先讨论现有框架的执行；加拿大代表认为，目前的规范没有得到广泛遵守。另一派则认为，现有规范不足以应对当前的网络环境。这些国家的代表失望于前一派国家没有打算确立新的规范，主张以现有的规范为基础，并在必要时探索更多的规范。他们指出，OEWG承担着发展“规范、规则和原则”来引导国家行为的任务，现实世界没有停留在2015年联合国全球治理E工作报告的那个阶段——网络空间正在迅速发展，需要创制新的规范。

本次会议讨论了以下认为值得OEWG考虑的新规范：有关保护关键基础设施——保护互联网的公共核心和选举基础设施；禁止将信息通信技术武器化和用于进攻性用途，以及应对内容威胁。此外，俄罗斯和中国提出，将《信息安全国际行为准则》中的若干规范纳入其中。值得一提的是，包括中国、伊朗在内的发展中国家重申，不应发展进攻性网络能力以避免网络空间军事化。伊朗代表甚至提议，将这条作为OEWG报告中的一条新规范。澳大利亚、英国等西方国家阵营则以“许多国家已经在发展进攻性网络能力”且“无法阻止其发生”为由，认为只要对其能力和意图保持透明、符合国际法，国家就有权发展“进攻性网络能力”。

（三）关于国际法在网络空间的适用

在各国关于“国际法和《联合国宪章》适用于网络空间”认识基础上，俄罗斯代表的观点相当鲜明，实际上是对适用于网络空间的国际法的范围和内容提出精确表述的要求。俄罗斯代表提出：需要进一步明确适用于网络空间的国际法，并且需要制定新的国际法。围绕“是否需要一份有约束力的法律文书来规制和调整国家在网络空间中的行为”依旧分为两大阵营。赞成派认为，“自愿性规范”不足以确保各国在网络空间采取负责任的行为，而具有拘束力的法律文书能够提供“利齿”；以西方阵营为主的反对派则认为，联合国全球治理 E 报告中商定的自愿性规范与具有拘束力的国际法并存，二者性质不同，前者并不取代后者，实则将网络空间新规则的表现形式限定于软法性质的“自愿性规范”。与此同时，在围绕国际人道法在网络空间的适用问题上也一如既往分为两大阵营。此外，网络空间国家主权、主权平等和不干涉原则在更多国家中引发共鸣。

中国政府支持进一步发挥联合国及其专门机构在网络空间全球治理方面的主渠道作用，由其统筹不同国家、私营企业、技术社群、公民社会等多利益攸关方的利益，协调不同治理平台和机制之间的职能。中方对互联网名称与数字地址分配机构（ICANN）的国际化努力和美国政府有意移交管理权的声明表示欢迎，认为这是国际社会长期共同努力的阶段性成果；① 乐见联合国框架下的有关网络议题取得进展，特别是希望联大一委关于信息安全国际行为准则、联合国预防犯罪与刑事司法委员会的网络犯罪问题政府间专家组、信息社会世界峰会进程、国际电联等有关机制或进程对网络问题的探讨取得积极成果。②

一般情况下，当国际社会有制定规则的需要，而在多边机制内又无法达成协议时，人们往往会诉诸区域性安排和双边协定解决相关问题。鉴于列国无法在联合国就网络空间治理达成共识，区域性安排成为自然的选择。欧盟的《通用数据保护条例》（GDPR）以及亚太经合组织的“跨境隐私规则”机制（CBPR/PRP）属此方面影响较大者。此外，“区域全面

① 马新民：《网络空间的国际法问题》，《信息安全与通信保密》2016 年第 7 期。

② 同上。

经济伙伴关系协定”（RCEP）和“全面与进步跨太平洋伙伴关系协定”（CPTPP）等均有关于数字经济、数字贸易、网络金融等与网络空间治理直接相关的规定。经合组织、上海合作组织和金砖国家组织等也分别提出了关于网络空间治理的原则和规范。除此之外，国际电信联盟、世贸组织、联合国国际贸易法委员会等的规则、技术标准、示范法等亦关乎网络空间治理。显然，由于国际社会无法在多边层面达成具有广泛代表性的共识，区域性和专业性组织与机构才不得不采取必要措施，以应对一时之需。无论是在美国发生暴动以及后续的包括特朗普被消声的一系列事态，还是国际社会的碎片化立法实践，均说明形成一套关于网络治理的国际原则和规则已迫在眉睫，且国际合作是此过程中不可或缺者。任何事物都有正反两方面的意义。

二、国际电信联盟

2019 年 10 月 29 日—11 月 16 日，国际电信联盟第 20 届全权代表大会在阿联酋的迪拜开幕。这次盛会吸引了 2500 多名与会者参加，其中包括来自国际电联 193 个成员国的政府首脑、部长和其他代表，私营公司，科研机构，以及国家、区域和国际机构的代表。国际电联在这次大会上发出了一个全球呼吁：号召全世界“联合起来”，连接世界上仍未接入互联网的近 40 亿人。

国际电联秘书长赵厚麟表示：“像 5G、人工智能、大数据和物联网这些新技术，将以一种超乎想象的方式改变我们的生活、工作和学习方式。国际电联处于前沿。今天摆在我们面前的挑战，是确保这些技术继续成为让全世界每一个人都受益的来源。”

国际电联是联合国系统内负责信息通信技术的专门机构，而全权代表大会是国际电联的最高决策机构。全权代表大会每 4 年举行一次，国际电联成员国就关键的国际信息通信技术问题达成共识，为国际电联高层职位选举领导人，决定国际电联未来 4 年工作路线图的重要活动，包括战略和财务计划。大会还将确定国际电联的财务规划并选出 5 位高层领导：秘书长、副秘书长、无线电通信局主任、电信标准化局主任和电信发展局主任。他们将在未来 4 年指导国际电联的工作。

联合国秘书长古特雷斯在向大会发去的视频致辞中表示：“我们面临

着一项至关重要的挑战：利用新技术为所有人带来的好处，同时保护他们免受滥用这些新技术带来的风险。数字技术在加速实现可持续发展目标方面发挥着至关重要的作用。”古特雷斯还成立了一个高级别小组来帮助推动数字化发展方面的全球合作，以及跨学科和利益相关方团体间的合作。他指出：“我们可以共同造就一个对所有人都安全和有益的数字化未来。”

三、欧洲一体化机制

《网络犯罪公约》（Convention on Cybercrime）由欧洲理事会于2001年制定，2004年正式生效。多年来，美、欧等发达国家一直希望将其打造为打击网络犯罪领域的“全球标准”和“黄金标准”，强调制定新公约将导致降低打击网络犯罪国际合作标准。欧洲理事会通过实施“八爪鱼”等能力建设项目，积极吸收发展中国家加入该公约。目前，该公约的57个缔约国中，发展中国家已有近10个。批准国中，含澳大利亚、多米尼加、毛里求斯、巴拿马和美国等非欧洲委员会国家、签署国中，含有加拿大、日本、南非等非欧洲委员会国家。美国于2001年11月23日签署、2006年9月29日批准了《网络犯罪公约》，但对有关管辖内容的第22条提出保留。[①] 近年来，为适应网络技术的发展，欧洲理事会发布多份指导说明，对公约部分内容进行重新阐释，并建立工作组探讨制定跨境取证问题的附加议定书。

《网络犯罪公约》是应对计算机犯罪和收集有关此类犯罪的电子证据问题的第一个多边条约。《网络犯罪公约》的确有很多值得其他各国参考和借鉴的内容。作为世界上规模和影响最大的制裁网络犯罪的国际法律文件，[②]《网络犯罪公约》协调了成员国关于网络犯罪的实体性法律规范和关于调查、起诉网络犯罪的程序性法律规范，并建立了打击网络犯罪的国际合作机制。

针对网络恐怖活动犯罪，《网络犯罪公约》的第四条和第五条对计算机数据犯罪和计算机系统犯罪做了全面的规定，其中包括计算机数据的毁

---

① 2013年4月，澳大利亚成为第39个签署《网络犯罪公约》的国家，http://conventions.coe.int/Treaty/Commun/ChercheSig.asp? NT = 185&CM = 8&DF = &CL = ENG。（上网时间：2014年11月21日）

② 王孔祥：《网络安全的国际合作机制探析》，《国际论坛》2013年第3期。

损、删除，妨碍计算机系统运行等。对计算机数据和计算机系统进行干扰，是恐怖分子利用网络攻击计算机系统的先决条件。公约的第四条和第五条包含所有干扰计算机数据和计算机系统的行为，它们不仅是对互联网的攻击，还包括对其他基础设施、物质财产或个人生命与幸福的计算机系统的攻击。《网络犯罪公约》对侵犯计算机系统做出了详尽的规定，对于打击网络恐怖犯罪具有重要作用，并且公约对侵犯计算机系统的犯罪行为规定了全面的自治条款。因此，公约第四条和第五条可以自治所有类型的攻击计算机系统的恐怖活动。

除第四条和第五条以外，公约的第二条和第三条对黑客及拦截计算机数据也作了相关规定，它把黑客入侵以及拦截计算机数据也定为犯罪行为。因为在许多网络犯罪中，犯罪分子为了达到干扰和修改计算机数据的目的而需要黑客入侵以及拦截计算机数据。可见《网络犯罪公约》做到了从源头扼杀网络恐怖活动，对打击网络恐怖犯罪起到推动作用。①

此外，第六条还规定了滥用计算机设备罪，将非法生产、销售、采购、使用或以其他方式使用用于实施第二条至第五条规定的违法行为的装置，包括计算机程序，或借以进入计算机系统的计算机密码、访问代码或者其他相似计算机数据，并将其用于第二条至第五条规定的违法行为的意图及意图将其用于第二条至第五条规定的违法行为而拥有上述条款中提及的物品的行为视为犯罪。因此，第二、第三和第六条是针对恐怖分子的网络袭击行为规定的附加条款，这样就可在早期对犯罪分子提起诉讼。

在刑事实体法领域，《网络犯罪公约》针对计算机及所有其他依赖于计算机系统运行的合法权益的恐怖袭击进行了广泛的定罪。使打击网络恐怖主义犯罪有了详尽的法律依据，对打击网络恐怖犯罪更加有的放矢。

在起草《网络犯罪公约》时，各国对宣传种族主义和仇外心理是否入罪分歧很大。最后将这些犯罪行为载入该公约的附加议定书，规定各缔约

---

① 《网络犯罪公约》第三条：行为人故意通过计算机系统传播种族主义和仇外主义的材料。第四条：种族主义和仇外原因的威胁。如通过计算机系统，向以下两种人发出实施严重罪行的威胁：一是属于某一特定种族、肤色、血缘或国家或民族成分及宗教教派的一个人；二是以这些特点区分的组织团伙。第五条：种族主义和仇外原因的侮辱。如：通过计算机系统侮辱属于某一特定种族、肤色、血缘或国家或民族成份及宗教教派的一个人，以及以这些特点区分的组织团伙。

国应当依据国内法律将这些行为认定为犯罪。

此外，第六条规定了通过计算机系统，向公众分发或者使公众可获取拒绝承认、赞成或者辩护种族灭绝和反人类罪的行为。第七条的实体条款对帮助犯和教唆犯作出规定。

关于恐怖主义，对这一议定书的条款规定了意图挑起种族、肤色、国家、民族团体之间纷争与暴力的威胁和侮辱。条款针对的是基于 IT 的内容，因此它对于打击网络恐怖主义犯罪同样适用。

2020 年 1 月 15 日，欧盟针对 2019 年 12 月 27 日联合国大会通过决议正式开启谈判制定打击网络犯罪全球性公约的进程，发布《关于支持 <欧洲理事会网络犯罪公约 > 的声明》。在声明中，欧盟先是强调了《欧洲理事会网络犯罪公约》（CoE CoC），即《网络犯罪公约》，作为促进打击网络犯罪全球标准的重要性，明确不支持 2019 年 12 月 27 日通过的“关于打击为犯罪目的使用信息和通信技术行为”联合国大会决议。欧盟认为，打击网络犯罪需要进一步采取技术中立的态度和能力建设措施。对于联合国大会决议授权“在联合国框架内谈判达成一项新国际公约”，欧盟不仅认为其“尚未达成共识”，缺乏开启的必要性，还认为这一公约将会成为降低保护人权和基本自由的全球标准、扩大数字鸿沟以及“认可国家对互联网的控制”的工具。

第三节　其他机制

发展中国家主张，加强打击网络犯罪领域的团结与协作，共同推进相关倡议：

一是在金砖国家平台。2013 年以来，金砖国家领导人历届峰会成果，包括 2017 年《金砖国家领导人厦门宣言》，均强调应合作打击网络犯罪，致力于在联合国框架下制定具有普遍约束力的法律文书。俄罗斯在金砖国家框架下提出《联合国合作打击信息犯罪公约（草案）》，并于 2017 年提交联合国秘书处向各国散发。该草案强调网络主权原则，总体结构和内容较为全面、平衡，同时也有个别问题需要进一步探讨。

二是在上合组织平台。上合组织峰会 2016 年和 2017 年宣言均呼吁成员国继续深化打击网络犯罪国际合作，在联合国主导协调下制定国际法律文书。上合组织信息安全专家组也就制定联合国打击网络犯罪公约问题进行了初步探讨。

三是在亚洲—非洲法律协商组织平台。该组织于2015年设立了网络空间国际法工作组，就亚非国家加强打击网络犯罪法律合作进行初步讨论。目前，该组织正在探讨制订相关工作计划。此外，中国也积极推动打造打击网络犯罪国际交流平台。在2017年第四届世界互联网大会（乌镇峰会）期间，中国组织举办“打击网络犯罪国际合作论坛”，邀请联合国、亚非法协等国际组织和相关国家代表及专家学者与会，各方反响热烈。

当然，网络安全首先是国家治理的重要事项，各国在此领域的科技、经济等硬实力与战略、政策等软实力的结合程度如何，直接决定其网络安全的状况。这也是各国维护和实现网络安全的根本所在。在此基础上，开展双边、多边、区域乃至全球性的国际交流和合作，或寻求国际社会的帮助、或向其他需要帮助的国家提供力所能及的帮助，以共同实现网络安全。这样的机制可以灵活多样、多多益善。

第六章　主要国家的网络安全战略

近年来，各科技强国首先注意到网络安全的重要性，重视程度越来越高，直至将其提升至国家战略的高度，并相继出台国家网络安全战略，使得网络安全成为新的国际关系热点。越来越多的国家将网络安全置于国家战略的高度，纷纷出台国家网络安全战略。2013 年曝光的“棱镜门事件”激化了原先就存在的大国之间的安全焦虑，激起了史无前例的负面反应，促使各国将网络信息安全提升至国家安全层面。截至 2013 年 11 月 19 日，全球共有 35 个国家已经或者宣布要制定《国家网络安全战略》。

2020 年，多国出台国家级安全战略。1 月，爱尔兰政府发布《2019—2024 年国家网络安全战略》，描绘了安全可靠网络空间的愿景，提出了发展国家网络安全中心的路线图，并多次强调提高国家关键基础设施和公共服务的网络弹性。5 月，波兰发布新版《国家安全战略》，将网络空间和信息活动安全列为重点内容，提出增强网络威胁弹性、增强公共军事和私营领域信息保护的 6 条建议，指示要确保国家及公民在信息空间中的运转。

各国的网络安全战略，立足本国国情，重点针对日新月异的网络安全威胁和风险，着眼于维护本国政府、企业和个人的网络安全，致力于在这个国际竞争的新领域把握先机、占据主动位置。

第一节　概述

国家网络安全战略（NCSS）是一个国家的网络安全顶层设计和战略框架，体现了国家安全、危险管理和用户保护的三位一体。网络安全战略与国家安全战略、网络战略（网络空间战略、网络发展战略）存在一定的交叉、重叠关系。国家安全战略在国家的战略体系中居于重要的位置，相当于是国家的一级战略，通常包括军事、政治等传统安全范畴和经济、环境、网络等非传统安全范畴，零和博弈或囚徒困境、双赢是国家安全领域争论已久的两种观点。网络战略与国家的经济、社会、文化、政治等领域的发展息息相关。比如，中国 2016 年 9 月提出的《国家网络空间安全战略》，就是在 2014 年网络空间强国战略之后提出的。

国家网络安全战略是提高国家基础设施和服务的安全性和弹性的工具。这是一种从上到下的网络安全防护的高级方法，它确定了应在特定时间范围内实现的一系列国家目标和优先事项。因此，它为一个国家的网络安全方法提供了战略框架。完善的国家安全战略至少应做到三件事：首先，它应该使政府部门和部委能够将政府的国家安全构想转化为一致、且可实施的政策。其次，国家安全战略应阐明国家如何在国际事务中采取行动，使外交政策更加主动而不是被动。最后，在可行的情况下，应鼓励与志趣相投的伙伴共享一套统一的政策，将国家安全战略与现有的国家和国际战略联系起来。

网络安全战略的关键要素之一是国家风险评估，其重点是关键信息基础架构的保护。风险评估是基于科学和技术的过程，包括三个阶段：风险识别、风险分析和风险评估。评估的目的是协调资源的使用，并监视、控制和最大程度地减少可能危害战略目标的不良事件的可能性和影响力。风险评估可以为战略的制定、实施和评估提供有价值的信息。在国家层面评估风险时，在大多数情况下，政府对所有危害采取全面的方法，包括各种类型的网络威胁，例如网络犯罪、黑客行为、技术威胁和故障。所有相关的公共和私人组织都应采取必要的措施，以确保其信息基础架构免受在网络攻击后发现的威胁、风险和漏洞的侵害。

很多国家制定了网络安全战略。俄罗斯高度重视网络空间对国家安全的重要性。在世界各国纷纷出台网络安全战略的大背景下，俄罗斯通过制定一系列国家战略规划文件和法律法规，初步形成了具有俄罗斯特色的网络空间安全战略。2014 年 1 月 10 日，俄联邦委员会公布了《俄罗斯联邦网络安全战略构想》，明确了保障网络安全的优先事项：发展国家网络攻击防护和网络威胁预警系统；发展和改革相关机制，提升重要信息基础设施的可靠性；改进网络空间里国家信息资源的安全保障措施；制定国家、企业和公民在网络安全方面的合作机制；提高公民的信息水平，建设网络空间安全的行为文化；扩大国际合作，制定和完善相关协议和机制，旨在提高全球网络安全水平并规定国内外政策面的重点、原则和措施，切实地保障俄罗斯公民、组织和国家的网络安全。《战略构想》在网络安全保障方面，明确规定了采取全面系统的措施以保障网络安全，包括对国家重要信息通信网络定期进行风险评估，推行网络安全标准，完善对计算机攻击的监测预警，建立网络安全事故案件呼应中心等；开展网络安全领域的科研工作，落实《俄联邦保障信息安全领域科研工作的主要言论自由》文件；为研发、生产和使用网络空间的安全设备提供条件，包括推广使用国产软硬件及网络安全保障设备，更换国家重要信息通信系统和重要基础设施中的外国产品；完善网络安全骨干培养工作和组织措施；组织开展国内外各方在网络安全方面的协作；构建和完善网络空间安全行为和安全使用网络空间服务的文化。

2011 年 8 月，韩国发布了《国家网络安全总体规划》；2012 年 6 月，瑞士发布了《瑞士防范网络威胁国家战略》；2013 年，芬兰发布的国家网络安全战略确定了 8 项基本原则，很多原则更贴近于对战略目标的描述；2013 年发布的西班牙网络安全战略，希望确保公共部门的信息和通信系统具有适当水平的网络安全和弹性；2013 年发布的土耳其网络安全战略认为，基本人权和自由、隐私保护应当作为基本原则被接受；2014 年发布的爱沙尼亚网络安全战略认为，网络安全应当尊重基本权利和自由，同时应当保护个人自由、信息和身份；2014 年发布的拉脱维亚网络安全战略认为，通过促进信息的可访问性和发展通信技术实现网络安全策略，同时应当保障基本人权和自由，在自由、隐私、安全之间建立平衡；乌克兰不仅制定了国家网络安全战略，还在 2018 年 7 月开始执行《实施国家网络安全战略的行动计划（2018 年）》，明确了 18 项任务。

加拿大在 2010 年发布的国家网络安全战略认为，网络攻击包括故意或未经授权的访问、使用、处理、中断或毁坏电子信息、处理和存储信息的电子和物理基础设施。该战略将政务系统安全、联邦政府以外的重要网络系统安全和在线安全视为其三大支柱（pillars），其中联邦政府以外的重要网络系统安全以经济繁荣为重点，在线安全以公民在线权益保护为重点。2018 年 6 月，加拿大出台了新版网络安全战略，重点是打击网络犯罪。

荷兰于 2013 年发布的网络安全战略，希望加强荷兰防御系统的弹性；在强调风险控制的适度性原则时考虑了安全需求与基本公民权利保护之间的平衡。

意大利于2013年发布的网络安全战略强调，应当重视关乎社会和国家安全稳定的服务的弹性和商业持续性；战略认为，必须促进公私合作，以保障信息漏洞的持续性、安全性和可信性，私营部门可以通过这种合作获取网络攻击和实践的共享信息，并反馈其风险和脆弱性评估，强化准备措施。该战略将网络威胁的非对称特性描述为：（1）攻击者可以在世界任何地方发起攻击；（2）攻击者可以仅仅利用单独的漏洞攻击非常复杂且采取完备保护措施的计算机系统；（3）攻击行为是即时性的，不会具有足够的反应时间；（4）攻击行为很难被溯源和侦测，使应对措施变得非常困难。

2013年9月，印度出台的第一部《国家网络安全政策》指出，网络空间的脆弱性表现为具有多样性的安全事件，包括故意事件和意外事件、人为事件和自然事件，网络空间数据的传输可能被国家或非国家主体恶意利用。印度政府认为，鉴于技术进步所带来的广泛利益，网络空间已经被公民、商业、关键信息基础设施、军队和政府广泛使用，目前已经很难在这些主体之间划分清晰的界限。

据国际电信联盟（ITU）于2018年发布的统计数据，全世界共有76个国家已经制定或正在制定网络安全战略。（参见表6－1）

表6－1　发布了国家网络安全战略的国家①

非洲	美洲	阿拉伯国家	亚太地区	独联体国家	欧洲
博茨瓦纳（起草中） 布基纳法索 冈比亚 加纳（草案） 肯尼亚 马拉维 毛里求斯	巴西（1版、2版、3版、4版、5版） 加拿大 智利 哥伦比亚 哥斯达尼加 古巴	巴林 埃及（英文版、阿拉伯文版） 伊拉克 约旦 摩洛哥 阿曼 卡塔尔	阿富汗 澳大利亚（1版、2版） 孟加拉 文莱 中国 斐济（起草中）	亚美尼亚（起草中） 阿塞拜疆 白俄罗斯 哈萨克斯坦 俄罗斯斯坦（1版、2版） 乌兹别克（起草中）	阿尔巴尼亚（1版、2版） 奥地利 比利时（1版、2版） 保加利亚（1版、2版、起草中）

① ITU Member States with National Cybersecurity Strategy, *Please note that not all of the documents are available in English. Please note that not all Member States have thier NCS publicly available*, http://www.itu.int/en/Pages/copyright.aspx.

续表

非洲	美洲	阿拉伯国家	亚太地区	独联体国家	欧洲
尼日利亚 卢旺达 塞内加尔（英文版/法文版） 塞拉利昂 南非 坦桑尼亚 乌干达 赞比亚（草案）	多米尼加（法令1、2） 危地马拉 牙买加 墨西哥 巴拉圭（命令1、2） 秘鲁（起草中） 苏里南（起草中） 特立尼达和多巴哥 美国（1版、2版、3版） 乌拉圭	沙特阿拉伯 叙利亚 突尼斯（草案） 阿联酋	印度 印尼 日本 韩国（1版、2版） 马来西亚 尼泊尔（草案） 新西兰（1版、2版、3版、4版、5版） 菲律宾 萨摩亚 新加坡（1版、2版） 斯里兰卡 泰国 瓦努阿图 越南		克罗地亚（1版、2版） 塞浦路斯 捷克（1版、2版） 丹麦（1版、2版、3版） 爱沙尼亚 芬兰 法国（1版、2版） 格鲁吉亚 德国 希腊 匈牙利 冰岛 爱尔兰 以色列 意大利 拉脱维亚 立陶宛 卢森堡（1版、2版、3版） 马耳他（1版、2版） 摩尔多瓦 摩纳哥 黑山 荷兰（1版、2版、3版） 北马其顿（英文版） 挪威

续表

非洲	美洲	阿拉伯国家	亚太地区	独联体国家	欧洲
					波兰 葡萄牙 罗马尼亚 塞尔维亚 斯洛伐克（1版、2版） 斯洛文尼亚 西班牙 瑞典（1版、2版） 瑞士 土耳其 乌克兰 英国（1版、2版）

另外，作为重要的国际组织，欧盟设立的网络与信息安全署（EU Agency for Network and Information Security）于2011年发布了《欧盟网络安全战略》。《欧盟网络安全战略》确立了下列发展目标：

（1）实现网络弹性：在公共和私营部门内发展能力并进行有效合作；

（2）保护关键信息基础设施；

（3）减少网络犯罪；

（4）开发用于网络安全的工业和技术资源；

和，

（5）为建立国际网络空间政策做出贡献。

美国、俄罗斯等主要大国是世界上最早将网络安全纳入本国战略规划和文件的国家，其他国家受其影响纷纷跟进，出台了本国的网络安全战略。根据西方学者的研究，在少数国家，网络安全战略（以下简称“CSS”）与网络防御战略（以下简称“CDS”）是两个独立的、不同的文件；而在大多数国家，则未制定或涉及CDS（参见表6－2）。

表 6－2 发布/起草/实施 CSS/CDS 的国家①

国家名称/组织机构名称	公布网络安全战略的年份	网络防御战略（是或否/年份）
俄罗斯	2000	是/2011
美国	2003	是/2011
马来西亚	2006	未知
爱沙尼亚	2008	是/2011
斯洛文尼亚	2008	未知
澳大利亚	2009	未知
加拿大	2010	未知
拉脱维亚	2010	未知
波兰	2010	未知
捷克	2011	未知
法国	2011	未知
德国	2011	未知
立陶宛	2011	未知
卢森堡	2011	未知
英国	2011	未知
新西兰	2011	未知
韩国	2011	未知
乌干达	2011	未知
挪威	2012	未知
瑞士	2012	未知
南非	2012	未知
比利时	2013	未知
荷兰	2013	是/2013
西班牙	2013	是/2013
匈牙利	2013	未知
意大利	2013	未知
罗马尼亚	2013	未知

① Juan Cayon Pena & Luis Armando Garcia, "The Critical Role Of Education In Every Cyber Defense Strategy," *Northern Kentucky Law Review*, Vol. 41, No. 3, 2014, pp. 459－469.

续表

国家名称/组织机构名称	公布网络安全战略的年份	网络防御战略（是或否/年份）
土耳其	2013	未知
奥地利	2013	未知
芬兰	2013	未知
黑山	2013	未知
欧盟	2013	未知
印度	2013	未知
日本	2013	未知
肯尼亚	2013	未知

从表6－2中，我们有以下重要发现：

1. 大多数战略发布于2013年；

2. 俄罗斯和美国是最早起草CSS的国家，随后几年又起草了CDS；

3. 表6－2的35个国家中，只有5国拥有相应的CDS；

4. 通常，拥有CDS的国家，此前曾经实施CSS，但西班牙几乎是同时实施CSS和CDS的国家。

根据到目前为止提供的证据，可以肯定地说，表6－2上的大多数国家基于其母国CSS的广泛目标，很可能在不久的将来起草CDS。而要确保网络安全、实现权利并保护关键的信息基础架构，就需要国家在国家一级以及与国际合作伙伴的合作下做出重大努力。只有在所有参与者都充当伙伴并共同完成任务的情况下，CSS才能成功。

第二节　美国

作为互联网的发源地和网络技术最先进的国家，美国是世界上最早认识到网络安全的重要性、首个把网络安全作为国家安全战略组成部分的国家，并随着形势的变化而不断发展和完善。自里根总统开始，美国《国家安全战略报告》中提到网络安全的次数总体上呈现稳步增长趋势：1987年（2次）、1990年（3次）、1993年（3次）、1998年（17次）、2000年（24次）、2006年（18次）、2010年（51次）、2015年（39次）、2017年

(68次)。

2003年布什政府的《保护网络空间安全的国家战略》、2009年奥巴马政府的《网络政策评估报告》及各种相关文件和报告，它们的视角是“内向”的，注重“强内”，努力在美国国内形成有利于网络安全的机制、文化和理念，提升其防御、应急响应、执法和获取情报等多方面能力。而新“战略”的视角则是“外向”的，侧重“攘外”，把国际合作作为贯彻所有领域的“主线”，换言之，美国认为网络安全所有领域的问题都需要通过国际合作来解决。《战略》列出的7个政策重点“构成了新的外交政策的必要措施”，“是我们未来拓展外交的重点”，“基于这一战略，我们对网络空间的工作现在进入了下一个阶段”。这是希拉里“3D”外交理念的充分体现，在网络空间，美国也要综合外交、国防和发展这三个要素，最终以“巧实力”来解决网络安全这一全球性问题，这是决定美国能否在未来网络空间发挥作用的关键。

一、2008年、2011年的《国家网络安全综合计划》和《网络空间国际战略》

（一）保护关键基础设施的维度

1.《国家网络安全综合计划》

美国国土安全部及其私营部门合作伙伴已经制订了一项共同行动计划，其中包括一系列具有里程碑意义的措施和积极活动。它包括短期和长期建议，特别是结合并利用先前已经开展的成就和活动。它解决了整个网络基础架构的安全和信息保证工作，以提高整个关键基础架构和关键资源（CIKR）部门的弹性和运营能力；它重点关注政府和CIKR中有关网络威胁和事件的公私共享信息。

2.《网络空间国际战略》

国土安全部与国防部之间将以三种重要方式加强合作，改善国家网络安全。该协议将帮助DHS与州、地方和基层政府合作，与私营部门合作，最好地保护行政部门的域名“.gov”，并协调美国关键基础设施的防御。鉴于代表着网络空间的快速变化步伐，国防部将继续与机构间合作伙伴和私营部门合作，研究协作网络安全的新方法。这些工作将包括美国国防部对国土安全部的支持，以领导机构间工作，识别和缓解美国关键基础设施中的网络漏洞。

（二）打击网络犯罪的维度

1.《国家网络安全综合计划》

这些系统的安全性没有重大进步，或者其构造或反对方式没有重大变化。令人怀疑的是，美国能否保护自己免受日益增长的网络安全威胁以及国家赞助的入侵和行动的威胁。

此外，不同的国家和地区法律和惯例（例如与网络犯罪的调查和起诉有关的法律：数据保存、保护和隐私）以及网络防御和应对网络攻击的方法，对实现安全性、弹性的数字环境提出了严峻挑战。解决这些问题需要美国与包括军事盟友和情报伙伴在内的所有国家合作，包括在建立数字经济和基础设施以及国际机构的过程中面临这些问题的发展中国家。

2.《网络空间国际战略》

为保护人民免受网络犯罪：国家必须查明和起诉网络罪犯，确保法治和实践。剥夺罪犯的避风港，并及时开展刑事调查方面的国际合作。

对于威胁到我们国家和经济安全的犯罪分子和其他非国家行为者，国内威慑要求所有国家都允许它们有调查、逮捕和起诉侵害或破坏国内外网络的人的程序。在国际上，执法组织必须在可能的情况下相互合作，以冻结对正在进行的调查至关重要的易腐数据，与立法机关和司法部合作以协调其方法，并促进正当程序和法治——这是《网络犯罪公约》的主要目的和宗旨。

充分参与国际网络犯罪政策的制定。美国致力于在具有成熟专业知识和促进有效网络犯罪政策的历史的论坛中，积极参与有关双边和多边网络犯罪国际规范和措施发展的讨论。这些对话将包括现有的努力，例如，如何扩大《网络犯罪公约》等机制的适用范围。美国将在国家执法机构之间建立成功的伙伴关系以及我们目前正在开展的富有成效的政策对话的基础上，在这些国家之间，努力培养责任感。

通过扩大参与《网络犯罪公约》，在全球范围内协调网络犯罪法律。美国和我们的盟友在调查和起诉网络犯罪案件时，经常依靠其他国家的合作与协助。当两国拥有共同的网络犯罪法律时，这种合作是最有效和有意义的，这有助于证据共享、引渡和其他形式的协调。《网络犯罪公约》为各国提供了起草和更新其现行法律的范本，并且已被证明是加强网络犯罪案件的有效国际合作机制。

美国将继续鼓励其他国家加入《公约》，并将帮助当前的非当事方将该《公约》用作其本国法律的基础，在短期内简化双边合作，并从长远来看为它们加入该公约做准备。

《公约》将网络犯罪法律的重点放在打击非法活动上，而不是限制对互联网的访问。应通过有效的执法手段来应对网络空间的犯罪行为，而不是限制对互联网或内容的合法访问的政策。为了实现这一目标，美国政府在双边和多边基础上开展工作，以确保各国认识到应着重于预防犯罪、抓捕和惩罚罪犯，而不是通过广泛限制互联网的访问来处理在线犯罪；普遍的访问限制也会影响无辜的互联网用户。随着美国及其合作伙伴之间的对话和帮助全球执法机构之间的能力建设，我们将整合这种方法，将保护隐私、基本自由、创新和协作与网络犯罪相结合。

打击恐怖分子和其他犯罪分子利用互联网实施犯罪、融资或攻击的能力。美国有各种有关网络犯罪的国际能力建设和培训计划，可帮助执法人员和立法者制定有效的法律框架和专门知识，以调查和起诉恐怖分子和其他滥用互联网的犯罪行为。防止恐怖分子通过“出租黑客”和有组织犯罪工具来增强能力是国际社会的重要优先事项，并需要有效的网络犯罪法律。美国致力于通过技术工具和国际合作框架，例如金融行动特别工作组、追踪和破坏恐怖分子和网络犯罪的金融网络。

（三）治理的维度

1.《国家网络安全综合计划》

连接当前的网络运营中心，以增强态势意识。迫切需要确保政府信息安全办公室和战略运营中心共享有关针对联邦系统的恶意活动的数据。与对个人身份信息和其他受保护信息的隐私保护保持一致，并在法律上相符，以便更好地了解对政府系统的全部威胁；并最大程度地利用每个组织的独特能力，以提供最佳的总体国家网络防御。

国土安全部内的国家网络安全中心（NCSC）将在此计划的保护下，通过协调和整合来自6个中心的信息以提供跨域态势感知、分析和报告信息，在确保美国政府网络和系统、美国网络和系统的状态、促进机构间的合作与协调中发挥关键作用。

2.《网络空间国际战略》

保护网络如此巨大的价值需要强大的防御能力。美国将继续加强我们的网络防御能力以及其他抵御干扰和攻击并从中恢复的能力。

首先要确保由技术专家确定的可操作和安全的技术标准。发展国际、自愿的、基于共识的网络安全标准，以及基于此类标准的产品、流程和服务的部署是可互操作、安全且具有弹性的全球基础架构。

减少对美国网络的入侵和破坏。未经授权的网络入侵会威胁经济的完整性并破坏国家安全。美国政府各机构正在与私营部门合作，以保护创新、免受工业间谍活动的侵害，保护联邦、州和地方政府网络，保护军事行动免受恶劣的运营环境的影响；并确保关键基础架构免受入侵和攻击，尤其是那些针对能源、运输或金融系统，以及国防工业基础的入侵和攻击。

确保为信息基础架构提供强大的事件管理、弹性和恢复功能。在相互联系的全球环境中，没有哪个国家可以对世界的网络有全面的了解，一国系统中薄弱的安全性给其他国家带来了风险。当发生的事件可能威胁到我们所有人时，我们有义务分享我们对自己网络的见解并与他人合作。

国防部必须确保其具有必要的能力，以在空中、陆地、海上、太空和网络空间的所有领域中有效运作。国防部将在各个层面组织、培训和装备网络空间的复杂挑战和广阔机遇。为此，国防部长已将网络空间任务分配给了美国战略司令部（USSTRATCOM）、其他作战司令部和军事部门。由于需要确保在网络空间中有效运作并有效组织其资源的能力，国防部成立了美国网络司令部（USCYBERCOM），作为美国战略司令部的子统一司令部。

国防部将与国土安全部（DHS）、其他机构间合作伙伴以及私营部门合作，以共享想法、开发新功能，支持应对网络空间跨领域挑战的集体而努力。

二、美国《国家网络战略》（2018）

2017 年 12 月，美国白宫发布了新版《国家安全战略》，这是特朗普任内第一份系统地阐述美国国家安全战略的正式报告。战略从保护国土安全、促进美国繁荣、以实力维护和平和彰显美国影响力4个方面，阐述了特朗普“美国优先”的理念。在新版美国《国家安全战略》报告中，网络安全一直贯穿其中，具体内容包括：1. 明确网络空间四大威胁，将中俄列为网络空间中的“修正主义者”，直言中国和俄罗斯试图改变现存的国际秩序，持续挑战美国的地缘政治优势；同时，指责朝鲜和伊朗等国家加速网络武器的开发和利用，威胁美国关键基础设施。2. 提出网络安全建设优先行动：主要包括识别和优先处理风险，建立有防御力的政府网络，威慑和打击恶意网络行为者，改善信息共享和传感。3. 提出应对挑战的改进手段。明确指出美国将威慑、捍卫并在必要时击败利用网络空间对付美国的恶意行为者。为此，战略提出了三点优先行动：提高溯源、问责和回应能力；改进网络工具，增强专业技能；提高整合性和敏捷性。①

美国《国家安全战略》的重要任务就是保障网络安全。2018年9月，美国接连出台《国防部网络空间战略概要》和《国家网络战略》两份重要文件，均将网络威慑作为实现美国繁荣与安全战略目标的重要手段，网络威慑已经成为美国网络安全战略的重要组成部分，与核威慑战略、太空威慑战略共同构成了美国“新三位一体”国家安全战略。

2018年9月20日，美国总统特朗普签署了《国家网络战略》，这是其上任后的首份国家网络战略，以加强应对网络威胁。国家安全事务助理约翰·博尔顿在对媒体的见面会上表示，特朗普总统发布的《国家网络战略》是贯彻美国《国家安全战略》的具体体现；《国家网络战略》将指导美国政府采取行动，确保长期改善所有美国人的网络安全。

白宫新闻办公室称，《国家网络战略》的核心是增强美国网络安全，该战略将有助于保护网络空间成长为经济增长和创新的引擎，同时遏制在网络空间造成不稳定的行为，此外还将保持互联网的长期开放性，支持并加强美国的利益。

美国媒体分析称，《国家网络战略》最值得注意的是，美国将采取“进攻性”的行动来制止和应对网络攻击。博尔顿在见面会上说，对于任

---

① 许晔：《美国〈国家网络战略〉对我国的防范遏制与对策建议》，《科技中国》2020年1月28日。

何正在对美国采取网络行动的国家来说，它们应该意识到，我们将同时从进攻和防守两个方面进行回应。

美国《国家网络战略》概述了政府将要采取的措施：1. 通过保护网络、系统、功能和数据来捍卫国家；2. 通过培育安全、繁荣的数字经济和促进强大的国内创新来促进美国的繁荣；3. 通过加强美国与盟国和伙伴的配合，威慑和惩治以恶意目的使用网络工具的人的能力，从而维护和平与安全；4. 扩大美国在海外的影响力，以扩大开放、可互操作、可靠和安全的互联网为宗旨。该战略还概述了美国网络安全的 4 项支柱、10 项目标与 42 项优先行动。战略主要是建立在“保护联邦政府与关键基础设施网络安全”的第 13800 总统令基础上，并回应了 2017 年底颁布的《国家安全战略》，凸显了网络安全在美国国家安全的重要地位，具体包括：保护美国人民、国土及美国人的生活方式，主要目标是管控网络安全风险，① 提升国家信息与信息系统的安全与韧性；促进美国的繁荣，主要目标是维护美国在科技生态系统和网络空间发展中的影响力；以实力求和平，主要目标是识别、反击、破坏、降级和制止网络空间中破坏稳定和违背国家利益的行为，同时保持美国在网络空间中的优势；扩大美国影响力，主要目标是保持互联网的长期开放性、互操作性、安全性和可靠性。②

三、战略动向

2020 年 8 月 25 日，美国《外交事务》杂志发文《如何在网络空间竞争》，美国网络司令部司令兼国家安全局局长保罗·中曾根在文中阐述网络司令部的“持续交战”和“前沿防御”战略，指出“持续交战”将指导美网络司令部收集并向其他政府和私营部门揭露恶意信息（由国家行为体部署的恶意软件），以防御网络攻击；与网络对手的“持续交战”正从“黑客攻击升级为全面战争”，网络司令部应重视网络空间的误判行为，在符合武装冲突法和其他国际准则的情况下，采取更主动的竞争方式、制定充足的计划和准备工作，以补充而非取代其他军事能力的方式对抗对手的

---

① 许晔：《美国〈国家网络战略〉对我国的防范遏制与对策建议》，《科技中国》2020 年 1 月 28 日。

② 同上。

恶意网络活动，降低风险升级的可能性。

美国提出，在2021年应摒弃5个网络战略概念，即稳定、局势升级、威慑、准则“实施”和透明度，从而提升美国针对网络安全问题的分析和决策能力。这5个概念对于网络安全的战略分析以及谈判而言已经过时，美国应对任何由此产生的建议持怀疑态度，并提出新的概念和方法。

（一）稳定

美国的对手不寻求保持稳定，而是寻求不断改变、挑战现状。大国竞争对手认为，追求稳定的目的是维护以美国为首的西方占主导地位的现状，因此正在打算重塑国际秩序，并认为网络行动是实现这一目标的宝贵工具。网络行动不会造成人员伤亡，因为对手认为，只要其避免跨越美国可观察到的武力使用阈值就不存在风险，就拥有在网络领域展开恶意行动的自由。因此，美国不应将稳定作为网络战略，而是应规划一个稳定性略有下降的国际环境。

（二）局势升级

分析人士在10年前推测，随着各国更多地开展进攻性网络行动，由于其隐蔽的性质，在当时进行归因的难度以及意外后果和附带损害的可能性，这些行动可能会升级至更大、更具破坏性的冲突。但局势升级可能是网络安全领域中最受到高估的风险，在长达20年的恶意网络行动中，从未发生过导致升级的事件。美国已采取建立信任措施、改善沟通渠道、条令交流和无数次第二轨道对话等多种解决方案，以减少可能导致网络事件升级为暴力的误判风险。没有发生导致升级的网络事件的原因可能是，各国对其最危险的网络能力保持谨慎控制，尊重武力使用阈值，并且网络行动植根于其避免与西方进行直接军事冲突的更大战略中。

（三）威慑

威慑在常规作战域中的作用仍非常重要，在网络领域中却明显无效。由于威慑的影响，俄罗斯并未派遣军队入侵欧洲，但仍然在使用腐败、有组织犯罪、影响行动、间谍活动等来促进其在欧洲的利益，其他大国竞争对手也在持续地进行大规模的网络间谍活动。这些国家很可能已经研究过如何规避美国的威慑，而这项研究指导了其网络行动和战略。美国无法在网络空间中威慑对手，威慑的隐含目标是保持稳定，由于美国的对手不希望保持稳定，因此威慑作为一种网络战略无效。

（四）准则“实施”

准则不应得到执行，而应得到遵守。各国选择以准则作为行动的基础，并可通过指导国家行动的法律或政策来执行这些准则。然而，执行准则并不反映意图，其本身也并非具有决定性，但对准则的遵守反映了国家的意志和决心。联合国商定准则借鉴了军备控制条例，基于“相互竞争的大国对风险有共同的观点”的假设。但该假设已不再成立，因此，大国竞争对手在没有外部理由的情况下，很可能将不再遵守准则。

（五）透明度

民主国家的国内政治要求对立法机构和公民在网络能力方面保持透明，但透明度带来的国际利益却是有限的。透明度无法造成威慑，单方面的透明度也无法改善稳定。澳大利亚和美国等国家对其拥有进攻性网络能力的情况展现出越来越大的透明度，但这种透明度没有得到对手的回报。即使是提高透明度的西方国家，也必须对其实际能力保持一定程度的不透明，以保持其能力的有效性。网络是一个由隐蔽性和出其不意性主导的作战域，这与透明度是对立的，并为透明度限定了一个任何国家都不应越过的上限。

（六）主动防御

“主动防御”一词有多种不同定义，在此的定义为：未经授权访问攻击者的计算机/网络，以中断针对防御者系统的持续未经授权的活动。该类行动为非破坏性的，低于公认的武装攻击水平。例如，2018 年《华盛顿邮报》报道称，美国网络司令部中断了一家曾干预 2016 年美国总统选举的俄罗斯巨魔农场。美国网络司令部采取的行动包括：网络干扰和向目标互联网研究机构的黑客直接发送消息。这两种类型的行动都属于主动防御。

自 2017 年加入北约以来，黑山共和国多次遭到俄罗斯的网络干扰。

2019 年 10 月初，黑山政府邀请美国网络司令部人员前往首都波德戈里察，调查黑客入侵黑山政府网络的迹象。美国网络司令部的此次“前沿防御”任务代表了一种应对网络威胁的新战略，反映了网络司令部从“被动”防御态势演变为一种更有效、更积极主动的态势，即“持续交战”。

在成立之初，网络司令部已认识到仅通过保护网络边界不足以提供全面的网络防御，因此，改变了其保护国防部网络的方式。首先，加强对美国内部网络动态的关注。使用 68 个网络保护团队在内部网络搜寻恶意软件，提高从军方网络中检测、隔离和剔除入侵者的速度和效率。其次，采用“零信任”的防御方法。在授权访问之前识别恶意入侵者，避免整个网络的瘫痪，确保军方不会因一个节点而影响到执行任务的能力。最后，以指挥为中心。军事指挥官应将计算机网络防御视为一项基本的战备评估要求，杜绝在不考虑部队所依赖的网络安全的情况下评估部队的战备状况。

（七）前沿防御

积极的防御措施为网络安全提供了重要的保障，但仍不足以应对不断演变的威胁环境。美国称，中国利用网络能力从美国政府和企业窃取敏感数据、知识产权和个人信息，威胁了美国的经济和国家安全。2020 年 5 月，美国联邦调查局和国土安全部就中国危害新冠病毒疫苗医学研究的行为发出警告，称中国通过其他方面的影响力来弱化其在网络空间的行动，以模糊国际上对其恶意活动的描述。俄罗斯利用网络进行间谍活动和数据盗窃，破坏美国的基础设施，同时试图削弱美国民众对民主进程的信心。伊朗通过网络影响力活动、间谍活动，对政府和工业部门进行直接攻击。朝鲜入侵国际金融网络和加密货币交易所获取收入，为其武器开发活动提供资金。暴力极端主义组织利用互联网招募恐怖分子，筹集资金进行暴力袭击，恶意宣传。

为应对威胁，美国国会明确了军事网络行动的法定权力，使网络司令部能够进行传统的军事活动。2018 年，白宫发布《国家网络战略》，将经济、外交、情报和军事措施整合进网络空间。美国国防部 2018 年《国防战略》的重点是寻求扩大美国与对手之间的竞争空间（包括网络空间）的必要性。为此，美国将网络司令部提升为作战司令部，提升了网络问题在国防部内部的“发言权”，赋予网络司令部更多的权力，并为其增加预算。

国防部的“前沿防御”网络战略指出，美军方需在网络之外执行积极主动的行动以保护美国的网络空间安全。网络司令部通过“持续交战”原则实施“前沿防御”战略，“持续交战”主要针对美国遭受的“武装冲突阈值”下的网络攻击，强调了网络司令部使其合作伙伴具备防御能力的必要性，包括向政府等其他部门提供指示和警告。

第三节 欧盟

作为拥有27个成员国（2020年1月31日，英国正式脱离欧盟）的超国家实体，欧盟高度重视网络安全。

一、概述

在2004年关于打击恐怖主义中保护关键基础设施的通报中，欧盟明确指出了网络安全信息共享的重要性，并强调应平衡其与市场竞争、责任承担和敏感信息保护的关系。在2004年关于建立欧洲网络与信息安全机构的2004/460/EC指令中，欧盟将网络安全定义为：“在既定的保密水平下，确保网络或信息系统能够抵御意外事件或非法和恶意行为对该网络或信息系统中存储或传输的数据的可用性、完整性和保密性造成的损害，能够抵御意外事件或非法和恶意行为对该网络或系统中的相关服务的提供或访问造成的损害的能力。”

2006年的《欧盟确保信息社会安全战略》和2013年2月的《欧盟网络安全战略：开放、安全和可靠的网络空间》文件，都包括了增强成员国、公共部门、私营部门和私人用户之间的网络安全信息共享的内容。2013年的《欧盟网络安全战略》将实现把网络弹性视为政策优先事项，明确了各利益攸关方在维护网络安全中的角色；认为网络安全战略只有以神圣不可侵犯的基本权利和自由为基础，才是合理而有效的。该战略确立了5项战略目标：增加欧洲抵抗网络攻击、保障网络安全的能力；通过强化成员国之间的司法合作来打击网络犯罪；在欧盟共同安全与防务政策的框架下发展网络防务政策能力；推进单一数字市场发展；强化欧盟的国际网络空间政策以推广欧盟的核心价值观。

《网络与信息系统安全指令》（NISD）是2013年7月通过的《欧盟网

络安全战略》中明确列明的立法优先事项。推动 NISD 的目的，在于为欧盟各成员国协调建设更加开放与安全的网络空间提供明确的行为规范。自2013 年开始，欧盟就推动网络安全的综合性立法，最终于 2016 年 7 月 6 日正式通过首部网络安全法（NISD）——“确保欧盟统一、高水平网络与信息系统安全之相关措施的指令”（Network and Information Security Directive，8 月 8 日正式生效，以下简称“NIS 指令”）。NIS 指令将重要信息系统运营者区分为“基本服务运营者”和“数字服务提供者”，旨在加强二者的网络与信息系统安全义务，要求二者履行网络风险监管职责。为鼓励二者履行报告义务的积极性，NIS 指令明确规定，不得加重报告主体的法律责任；规定前者有义务报告对其服务持续性造成重大影响的网络安全事件，后者有义务报告对其服务提供具有实质影响的网络安全事件；责令欧盟国家必须在此后 21 个月内转化为国内法，对于非纳入监管的其他主体，各国可以建立自愿报告制度，但不得使自愿报告主体因报告行为而陷入法律的不利地位。NIS 确立多项制度：实行网络与信息安全国家战略管理、增强欧盟国家间网络安全战略合作与跨境协作，并建立欧盟合作网络、区分基本服务运营者和数字服务提供者分别赋予的不同监管义务（前者为重监管，后者为轻监管）、针对不同主体建立不同程度的网络安全事件报告制度、鼓励产业发展并将小微企业排除监管之外等。该指令通过建立计算机安全事件响应团队和确立网络安全事件报告义务，构建了网络安全信息共享机制以应对网络安全威胁。指令要求，在各国响应团队的基础上，连同欧盟计算机应急响应团队（CERTEU），构成欧盟计算机安全事件响应团队网络（CSIRTs network），其职责是网络安全事件信息交换、为成员国处置跨境安全事件提供支持、探索和认定进一步业务合作的形式等。各成员国计算机安全事件响应团队的职责是：监测全国范围的网络安全事件，向相关利益方提供网络安全风险和事件预警、警报、通知和信息传播，应对网络安全事件，提供动态的风险事件分析和态势感知等。

早在 2017 年就被提出、2019 年 3 月 15 日终获通过的《欧盟网络安全法案》于 2019 年 6 月 27 日正式实施，进一步提升欧盟的网络安全防御能力，降低网络安全风险；该法案致力于为欧盟建立一个应对网络攻击的工具箱。主要内容包括：取消欧盟网络和信息安全局（ENISA）授权 2020 年到期的规定，延长为永久授权；为 ENISA 在新的网络安全认证框架中提供更坚实的基础，协助成员国有效应对网络攻击，在欧盟层面发挥更大的合作与协调作用；此外，ENISA 还将以欧盟网络安全机构的名义增强欧盟层面的网络安全能力。可见，ENISA 已成为一个独立的企业机构，这将有助于促进公民和企业的意识，并帮助欧盟机构和会员国在政策制定和实施中提高对网络安全的风险认知。

作为欧盟的核心国家，法国于 2011 年 2 月颁布了其史上第一份国家信息安全战略报告《信息系统防御与安全：法国战略》。该战略为法国的信息安全路线图制定了四大战略目标和七项具体举措。四大战略目标依次是："成为网络安全强国""保护主权信息，确保决策能力""国家基础设施保护"和"确保网络空间安全"。

七项具体措施为：1. 跟踪与分析；2. 探测、预警和响应；3. 提升并保持安全能力；4. 保护国家信息系统及关键基础设施；5. 法律对虚拟社会的适应性；6. 拓展国际合作；7. 提高公众的网络安全意识。该战略是法国政府迈向国家网络信息安全战略的第一步，法国的信息化发展和信息安全保障工作将不断迈上新的台阶，进一步完善具有法国特色的网络信息安全学说。

二、德国

德国网络安全战略的发展及实施主要体现出以下特点：

（一）突出关键基础设施防护

德国政府认为，由于网络信息系统的相互关联性，关键基础设施，尤其是 CII 的安全防护已经成为政府和行业联合网络行动的核心。鉴此，德国政府将关键基础设施的安全防护列为国家网络安全战略的重点，并写入国家法律。其中，2011 年的网络安全战略将关键基础设施保护列为任务之首，不仅明确关键基础设施的定义和范围，还要求公私部门为密切协作建立坚实的战略和组织基础，确保德国的网络安全水平与信息基础设施的重要性相称；2015 年通过的《信息技术安全法》进一步明确关键基础设施运营者的法律责任，并对未及时完善保护措施者处以高额罚款；2016 年的网络安全战略再次将保护关键基础设施列为网络安全行动的重要领域，要求政府和企业须在各个层面通力合作，并建立信息信任交流机制。

（二）重视国内资源的有效整合

德国网络安全战略的顶层设计，不仅将国内协调置于至关重要的位置，还十分重视国内防御性资源的整合。德国政府在2011年网络安全战略中强调，只有政府、企业和社会所有参与者充分合作、共同完成任务，网络安全战略才能够成功；有效的IT安全需要所有的联邦政府部门都具备强有力的架构，因此须对中央、地方的资源进行有效的整合和合理配置。德国政府在2016年网络安全战略中提出，要进一步发展国家网络防御中心，构建政府与企业的信息信任交换平台，确保法律框架内不同参与者的信息资源共享；要构建高效可持续的国家网络安全架构，以有效地将联邦层面的不同参与者紧密联系起来；强调要充分使用各级政府的财政资金以及培训机构与业界的资源，加强网络安全人员的招募和培养。

（三）注重国际网络安全协作

德国政府认为，由于IT技术及系统具有跨国性，因此，为维护网络安全而加强国际协调与合作势在必行，合作不应仅仅在国家层面开展。在两版网络安全战略中，德国政府都对国际网络安全合作做出了理念阐释和行动部署。德国政府在2011年战略中强调，只有与欧盟及国际社会通力协作，包括欧洲议会、G8和其他多边组织也应当合作保障网络安全，才能有效防护网络空间的安全，并将“开展有效协调行动确保欧洲和全球网络安全”列为网络安全行动的重点领域；其中，在整个欧盟层面支持基于关键信息基础设施保护行动计划采取的合理措施中，支持欧洲网络与信息安全相关法令的延伸和适度扩大；国际层面的目标是确保德国在网络安全领域的利益和理念能够在国际组织（如联合国、北约、欧安组织、欧洲理事会等）内得到协调和继续，制定适当的外部网络政策。德国政府在2016年战略中强调，只有将国家措施纳入相应的欧洲、区域和国际进程，才可以实现高水平的网络安全，并将“在欧洲及国际网络安全政策中发挥积极作用”列为四大行动方案之一。

三、立陶宛的网络安全战略

作为一个欧陆小国，多年来，立陶宛一直重视网络安全，将其纳入国家战略层面，并出台多份战略性文件，有计划、有步骤、分阶段地提升国家的网络安全水平。

2018 年 8 月 13 日，立陶宛共和国政府发布批准《国家网络安全战略》的决议（第 818 号维尔纽斯）。[①] 在结构上，立陶宛《国家网络安全战略》（以下简称“战略”）分为：第一编，总则；第二编，战略的目标，评价标准及其价值；第三编，战略和责任的实施。其中，第二编为重点，所占篇幅也最大。

第一编总则规定了公共和私营部门的主要国家网络安全政策方向。该战略的实施旨在加强立陶宛的网络安全和网络防御的能力发展，以确保预防和调查使用网络安全对象实施的刑事犯罪（以下简称“网络空间犯罪”），以促进网络安全文化和创新发展，加强公共部门和私营部门之间的紧密合作以及国际合作，并确保在 2023 年之前在立陶宛履行网络安全领域的国际义务。

该战略是根据环境分析数据进行的研究，考虑到公共和私营部门代表的建议而制定的，并符合立陶宛共和国第 17 届政府方案的规定。该方案被接受是根据 2016 年 12 月 13 日立陶宛共和国议会的第 XIII－82 号决议“关于立陶宛共和国政府计划”、根据立陶宛共和国 2002 年 5 月 28 日“关于批准国家安全战略”的第 IX－907 号决议批准的《国家安全战略》《立陶宛共和国网络安全法》，欧洲议会、理事会、欧洲经济和社会委员会和欧洲联盟委员会在网络安全领域的沟通和建议，及该地区委员会于 2015 年 5 月 6 日发布了“欧洲数字单一市场战略”，并通过立陶宛信息社会发展计划 2014—2020 年“立陶宛共和国数字议程”、2014 年 3 月 12 日“关于批准 2014—2020 年立陶宛信息社会发展计划“立陶宛共和国数字议程”的第 244 号决议而批准的。立陶宛加入经济合作与发展组织（OECD）之后，该

① 根据立陶宛共和国《网络安全法》第 5（1）条、并执行欧洲议会和理事会于 2016 年 7 月 6 日发布的（EU）2016/1148 指令第 7（1）条，其中包括联盟的网络和信息系统的安全级别（OJ 2016 L 194，第 1 页），立陶宛共和国政府在此决议：1. 批准《国家网络安全战略》（随附）；2. 委托立陶宛共和国国防部在 2018 年 11 月 2 日之前向立陶宛共和国政府提交一份实施《国家网络安全战略》的机构间行动计划草案；3. 向非政府组织、公共和私营部门利益相关者的代表以及立陶宛科学和教育机构提供参与实施《国家网络安全战略》的权利。总理为萨利乌斯・斯克韦内利斯（Saulius Skvernelis），国防部长为（Raimundas Karoblis）。

组织就“为实现经济和社会繁荣带来的数字安全风险管理”提出了建议，也已成为该战略提及的主要指导方针之一。

该战略使用与《网络安全法》《立陶宛共和国国防系统和兵役组织法》《立陶宛共和国高等教育法》等教育和研究及立陶宛共和国关于从州和市级机构及机关获取信息权利的法律含义相同的术语。

第二编明确了该战略的主要目的是为立陶宛社会提供机会，来挖掘信息和通信技术（ICT）的潜力，通过及时有效地识别网络事件，防止事件的发生和蔓延，并管理由此网络事件产生的后果。该编分为以下几个部分：(1) 网络安全和网络防御能力；(2) 网络空间中的刑事犯罪；(3) 网络安全文化与创新；(4) 公私合作；(5) 国际合作。其具体内容如下：

1. 该战略的第一个目标是加强国家的网络安全和发展网络防御能力。

立陶宛的国家安全部和国防部下属第二调查部门的年度国家安全威胁评估（以下分别称为“SSD”和“SID”）威胁立陶宛的国家安全，并在全球和网络空间中开展不利于立陶宛的活动。国防部、SSD 和 SID 的国家网络安全中心收集的数据显示，立陶宛不断遇到各种类型的网络事件，旨在侵犯国家信息资源和关键信息基础设施；根据预测，未来网络事件的数量和范围不太可能减少。①

据《2017 年国家网络安全状况报告》，2017 年，国家电子通信网络和信息安全事件调查组——立陶宛计算机应急响应小组（CERT - LT）处理了多达 54 项、414 次网络事件。2017 年，记录的网络事件数量比 2016 年增加了 10%。立陶宛国家信息资源仍然是网络间谍攻击的主要目标；但是，对国家安全具有战略意义或重要性的私营部门和其他企业的关键信息基础架构也不例外。NCSC 已采用技术性网络安全措施确定，恶意软件扩散案件最多的是能源领域（27%）、公共安全和法律秩序（22%）及外交事务和安全政策（21%）。与 2016 年相比，恶意软件主要扩散在公共安全和法律秩序、外交事务和安全政策及能源领域。该国的网络安全状况也受到公共部门网站状况的严重影响，根据该报告的数据，2017 年该网站的状

① The State Security Department of the Republic of Lithuania and the Second Investigation Department under the Ministry of National Defence (2018). National Security Threat Assessment; National Cyber Security Centre under the Ministry of National Defence (2018). Report on the State of National Cyber Security 2017.

况有所恶化。

NCSC、SSD 和 SID 的年度报告提供了有关网络事件扩散程度的信息，表明每个网络安全主题都面临着必须决定可能花费更多时间、金钱或任何其他资源的情况。保护现有通信和信息系统或提供的服务所需的信息。网络安全主体执行安全风险评估，但是风险评估通常是正式进行的，以符合法律法规的要求或国际公认标准的规定。

立陶宛内政部出版的《风险分析手册》，反映了当时研究和创新工具进行的风险评估的进展和进步，但是，安全风险评估方法的规定已逐渐改变并控制了环境保证，已转变为组织的全部活动风险评估。

立陶宛关于不同安全领域的个人评估程序已经成熟，但是，在国家一级，安全风险评估文化和网络安全风险评估仍然是零散的。缺乏对网络威胁和安全漏洞的分析，以及对活动风险评估流程的全面整合。此外，ICT 的快速发展，导致缺乏知识、技能和实践的人员负责网络安全。

为了改善网络安全政策制定和实施的文化，更新网络安全风险评估和其他要求，2018 年，网络安全领域发生了以下重大变化：

（1）重订的《网络安全法》条款帮助改善了网络安全系统的组织、管理和控制，明确了制定和实施网络安全政策，制定和实施网络安全代理的职责和责任当局的权限、职能，并建立了其他网络安全保证措施。

（2）加强了监管和维护国家信息资源、公共通信网络、公共电子服务提供商和电子信息托管提供商活动的功能，这使国家能够确保对网络空间的控制和责任，系统监控网络安全实体的通信和信息系统中发生的网络事件；NCSC 已成为立陶宛唯一在全国组织网络事件管理并根据一站式服务原则向国家机构、企业和居民提供帮助的机构。

整合能力旨在立陶宛开发一个完整的网络安全管理系统，该系统将代表在任何领域进行安全管理规划的系统方法，促进网络安全实体以安全管理质量保证为导向，减轻网络安全实体的负担，确保评估和基于证据的安全管理文化的系统性，有助于优化安全支出的计划。目标之一是确保网络安全能力的可持续发展和增强区域网络安全能力的目标。

立陶宛的国防部和 NCSC 继续与网络安全实体合作，就网络安全主题进行磋商并组织网络安全演习。

2017 年，有来自 50 多个私营和公共部门组织的约 200 人参与了“网络安全2017”全国网络安全演习。与立陶宛共和国通信管理局、立陶宛警察和国家数据保护检查局合作，为网络安全实体的代表组织了讲习班——他们熟悉网络安全领域的法律法规要求。该演习的参与者接受了旨在遏制和抵抗针对关键通信和信息系统的网络攻击并确保此类系统运行的培训。

国防部将继续定期组织国家网络安全演习，不仅在国内，而且在国际网络安全演习中都将促进网络安全技能的不断提高。

欧盟和北约承认，在某些情况下，网络空间已成为独立的军事空间或混合战争的工具之一。网络措施可能被用来破坏一个国家的关键信息基础设施的运作（例如，2010 年发生在伊朗的一个核能目标中的网络攻击），可能会对一个国家及其社会的安全产生负面影响（例如，在 2015 年和 2016 年针对乌克兰发电厂的网络攻击），破坏了经济和社会福利；因此，国家网络空间的安全是每个国家的合法国家安全利益。

根据北约 2016 年华沙峰会通过的关于将网络空间确认为第五战域的决定，立陶宛武装部队已成为立陶宛共和国的主要网络空间防御实体。加强网络防御，以防止军事网络威胁和有效管理网络事件，是确保一个国家的国家安全的根本和首要利益的先决条件之一。

为实现该战略的第一个目标，还明确了以下四个子目标：

第一个子目标是开发一种系统的方法来处理网络安全和预防活动。通过建立国家和区域网络安全中心，改善网络安全风险识别、评估和预测的方式，建立网络安全识别图和风险图以揭示各个部门的典型风险，从而实现这一目标。控制的电子通信网络具有复杂的网络安全措施，通过对网络安全状态的调查，采用进步或成熟的评估方法，确保国家动员任务分配给州和市政机构来执行，机构和公司的重要国家功能通过使用其他措施来加强网络安全和预防性活动，从而获得有关网络安全状态的公共信息。

第二个子目标是通过减轻网络安全实体的管理负担来提高网络安全战略制定和实施的效率。通过改进网络安全的法律法规，准备标准化但有区别的网络安全要求，对良好实践进行分析确保网络安全适用的标准，鼓励网络安全实体遵循此类标准。设立国家综合危机管理机制，通过确保各级机构之间的顺畅合作，更新网络安全风险评估系统，评估方法学潜力来监控和控制网络安全所需资金，确定分配优先级，形成国家综合危机管理机制，通过实施其他网络安全政策制定和实施措施来使用。

第三个子目标是促进国际演习的组织和参与。通过定期组织复杂的国家网络安全演习，参加欧盟、北约和其他国家组织和领导的演习，将国家和国际演习的经验纳入事件评估、信息交流和其他行动中，可以实现该目标。

第四个子目标是发展该国的网络防御能力。通过确保立陶宛武装部队与民用力量的有效互动，发展网络防御能力并向其他州和市政机构提供协助，可以实现这一目标。

2. 该战略的第二个目标是确保预防和调查网络空间中的刑事犯罪。

网络空间的刑事犯罪对世界经济产生负面影响。根据研究，① 网络空间中的刑事犯罪每年造成的全球损失达千亿欧元；在这方面，趋势正在以高耸的方式发展。犯罪者不仅对财务细节感兴趣，而且对总体所有数据都感兴趣。因此，破坏立陶宛共和国《刑法》第 XXX 章规定的电子数据和信息系统安全的犯罪数量一直在不断增加（根据 2017 年犯罪机构登记在册的数据，记录了 594 起此类犯罪，2016 年有 336 起）。正如在欧洲警察局（以下简称“欧洲刑警组织”）内运营的欧洲网络犯罪中心（EC3）所指出的那样，拥有完善的宽带基础设施的那些欧盟成员国经常遇到网络空间的刑事犯罪，拥有运作良好的在线支付系统。②

参照普华永道在 2018 年进行的一项调查的数据（《2018 年全球经济犯罪调查》），2018 年，网络空间欺诈犯罪是最常见的犯罪之一，对私营部门造成的损失最大。EC3 预测，信息通信技术和社会工程方法的迅速发展以及其他原因导致了网络空间中犯罪活动数量的增加。此外，网络空间中的刑事犯罪越来越多，这些犯罪不一定涉及使用 ICT，例如，欺诈或敲诈勒索。为了实施此类犯罪或掩盖其痕迹，最新的 ICT 解决方案采用了加密货币，并使用了在匿名网络中提供的犯罪服务。

Cybersecurity Ventures 公司在 2017 年计算出，网络空间中使用恶意软件的刑事犯罪造成的损害逐年增加，并预测到 2019 年，由于传播的危害，

---

① Center for Strategic and International Studies，McAfee（2018）. Economic Impact of Cybercrime – No Slowing Down，Cybersecurity Ventures，Herjavec Group（2017）. 2017 Cybercrime Report.

② Europol's European Cybercrime Centre（EC3）（2017）. 2017 Internet Organised Crime Threat Assessment（IOCTA）.

全世界将遭受超过110亿美元的恶意软件损失。EC3预计，尤其是由于物联网（IoT）设备数量增加的原因，这种危害将继续加剧。尽管使用恶意软件通常只是网络空间中犯罪的一种方式，但欧盟网络与信息安全局（ENISA）在2018年的《威胁态势报告2017》中指出在几年里使用恶意软件是最主要的网络威胁。

与对网络空间中的儿童的性剥削有关的刑事犯罪被认为是最有害和伤害最大的刑事犯罪，由于信息通信技术的迅速发展和其使用潜力的日益增加，网络空间中的这类犯罪越来越多，根据犯罪机构登记在册的数据，欧洲刑警的数量在立陶宛①和欧洲②都在增加。寻求防止与对儿童的性剥削有关的刑事犯罪，立陶宛已取代欧洲议会和理事会于2011年12月13日发布的关于打击对儿童的性虐待和性剥削以及儿童色情制品的第2011/92/EU号指令，并取代了理事会框架第2004/68/JHA号决定（OJ 2011 L 335，第1页）和2012年11月6日批准了2007年10月25日《欧洲委员会保护儿童免遭性剥削和性虐待公约》。

为了防止跨越国家边界的网络空间犯罪行为，重要的是发展紧密的跨界合作和信息交流，维持和加深基于国际协定和成员资格的关系。为此，强大的政治意愿将发挥关键作用，以有效履行国际义务并遵守国际标准，以确保网络安全并应对网络空间犯罪。

为表达其融入西方的政治意愿，立陶宛批准了2011年11月23日的欧洲理事会《网络犯罪公约》（以下简称《布达佩斯公约》）及其附加议定书。此外，立陶宛还向欧洲议会和理事会转交了2013年8月12日关于攻击信息系统的指令2013/40/EU，并取代了理事会框架决定2005/222/JHA（OJ 2013 L 218，第8页）。通过与国际刑事警察组织（以下简称“国际刑警组织”）和国际刑警组织全球创新中心、EC3的合作，不仅可以在法律上而且可以在实践上成功地履行义务。在欧洲刑警组织内部以及与欧洲联盟的司法合作单位（Eurojust）合作。此外，立陶宛还参加了连续运行网

---

① According to the Data of the Institutional Register of Crime, in 2016, as many as 123 crimed were registered as per definition provided in Article 309 (2) of the Criminal Code, in 2017, p. 132.

② European Union Agency for Law Enforcement Cooperation (Europol) (2017). *Europol Review 2016 - 2017.*

络联络点的活动，该联络点专门从事基于欧洲司法网络（EJN）并根据《布达佩斯公约》建立的网络犯罪调查领域。

由于网络空间的刑事犯罪不断发展并形成了新的形式，从事调查和预防犯罪的执法机构工作人员必须做好准备，以评估网络威胁、确定网络空间的犯罪并进行调查。为了调查此类犯罪，执法机构必须能够快速找到、记录和调查电子证据。

为实现该战略的第二个目标，还明确了以下两个子目标：

第一个子目标是发展该国应对网络空间犯罪的能力。通过改进法律制度，增强执法机构的专业能力，同时调查网络空间的犯罪行为，开发分析系统，实施先进的操作方法和程序以及旨在解决网络空间犯罪行为的技术工具，可以实现这一目标。

第二个子目标是加强对网络空间犯罪的预防和控制。将通过倡导社会的自卫文化并促进网络空间中的负责任行为，提高执法机关在打击网络空间犯罪方面的职能的履行，并在调查此类犯罪部门的同时确保更便捷的国际合作来实现这一目标。执法部门与教育机构、私营和公共部门代表以及公众之间开展有效合作。

3. 该战略的第三个目标是促进网络安全文化和创新发展。

网络事件在现代世界中是不可避免的。即使应用所有现有的网络安全措施，也无法避免网络事件的发生。因此，公共和私营部门的代表必须注意改善其员工的网络文化。根据 IBM 在 2017 年进行的一项调查所获得的数据,[①] 接受调查的私营部门中国工人的疏忽或无知引起的事件数量（2017 年网络事件占 20% 以上，在 2016 年为 15%）一直在增长。此类网络事件中有 30% 以上是人为造成的，因为工人打开了罪犯通过电子邮件发送给他们的链接或文件。在立陶宛使用社交工程方法创建的电子邮件数量也在增长。[②]

据 2018 年实施欧洲创新成果的摘要数据显示，欧洲私营部门的代表越来越重视信息通信技术领域的员工培训，但是在立陶宛，该指数仅略超过

---

① IBM，IBM X – Force Threat Intelligence Index 2018（2018）.

② Nacionalinis kibernetinio saugumo centras prie Krašto apsaugos ministerijos（2018）. 2017 m. Nacionalinio kibernetinio saugumo būklės ataskaita.

10%（欧洲平均指数为21%）。立陶宛的公共服务员工也有机会提高他们在网络安全领域的技能。参加过网络安全课程的公务员人数逐年增长（根据公务员部门的数据，2015年有146名公务员，2016年为249名，2017年为289名）。但是，还应结合立陶宛乃至全球的最新网络安全趋势，定期为公共和私营部门的员工举办网络安全培训，这将提高员工的警惕性、谨慎性和网络安全文化意识。

为了改善立陶宛网民的网络安全文化，必须持续传播信息，这些信息涵盖有关最新网络事件的相关信息以及可能对个人数据的安全构成威胁或使人们成为网络空间刑事犯罪受害者的其他行动。根据一项专门用于确定欧洲人对网络安全态度的欧洲晴雨表调查显示，立陶宛只有16%的互联网用户认为自己成为网络空间刑事犯罪受害者的风险并未增加（欧盟平均为11%）。尽管如此，由于立陶宛46%的互联网用户对网络空间中的犯罪风险了解得很少（欧盟平均水平为51%），因此，此类信息的传播范围应该更大。

世界上有关机构进行了许多调查和预报，结论通常可以确定为人们缺乏网络安全技能，[①] 而且这种不足在将来会更加普遍。政府可以通过满足劳动力市场需求的素质教育来确保他们所需的能力。目前，立陶宛有四所大学提供了网络安全计划，但参考了Infobalt协会和立陶宛投资机构的一项调查结果，题为《立陶宛的ICT专家：劳动力市场和雇主的需求状况》的调查报告显示，现有情况无法满足劳动力市场的需求，因此，为缩小网络安全专家的需求与供应之间的差距，必须制订和加强现有的学习计划，并针对培训开展新的学习计划，必须培养网络安全专家。

为了重组立陶宛共和国政府计划中规定的教师培训和资格提升系统，还应努力提高网络安全领域的教师资格。有机会在网络安全领域扩展和提高不同教育领域的教师能力将拥有“工具”，以成功地教育中小学生，并以此为发展知识和创新型社会做出贡献以及加强网络安全。

许多网络安全专家估计，[②] 到2019年，全球网络安全专家将至少有

---

① ISACA，State of Cybersecurity 2018（2018），Information Security Community on LinkedIn，（ISC）2. Cybersecurity Trends. 2017 Spotlight Report（2017）.

② Silensec，Addressing the Cyber Security Skills Gap（2017）.

150万个职位空缺。Infobalt协会和立陶宛投资机构于2018年进行的题为《立陶宛ICT专家：劳动力市场和雇主的需求状况》报告显示，立陶宛的ICT专家人数为2.26万，而在接下来的三年内需要大约有1.33万名不同的ICT专家。遗憾的是，研究人员没有提供有关立陶宛缺少网络安全专家的详细信息，但是，可以假设网络安全专家成为需求量很大的专家。为了解决网络安全专家短缺的问题，首先，应该确定最需要哪种类型的网络安全专家，[1] 因为根据其他国家的研究结论，可能会有不同数量的网络安全专家。在国家需要不同的情况下，与缺乏网络安全技能有关的问题可能有所不同。此外，可能只需要网络安全的某些领域的专家。

网络空间的快速发展导致出现促进创新的机会，从而推动效率和经济增长：它促进创造新的更好的工作机会，增加社会流动性并需要应对全球社会和安全挑战。

立陶宛新近加入了欧盟。因此，对网络安全或其教学传统没有进行深入的科学研究。立陶宛有很大的可能性可以利用欧盟提供的机会来促进科学研究投资，特别是利用普通研究与创新计划Horizon 2020（2014—2020），这种方式有助于加强国家和欧盟范围内的数字经济发展和国防政策。该项工作必须集中在不同的支持措施上，这些措施可以使私营部门的代表在寻找潜在雇员和合作伙伴时能够与国际网络建立联系。这将刺激私营部门投资于科学研究、实验开发和创新领域，并在网络安全领域投资以创造新产品和服务。创新的网络安全产品的设计将成为额外的动力，并成为提升立陶宛行业竞争力的工具。此外，创新的网络安全产品对于抵御现代网络事件也是必不可少的。同样重要的是，要促进立陶宛研究人员参与组织网络安全领域的国际联合研究出版物，吸引尽可能多的学生，直接参与以网络安全为重点的实验性开发高级项目，并扩大公共和私营部门与科教机构的合作，以增加网络安全领域的外国博士生人数。

根据《2018年欧洲创新记分牌》的数据，与其他欧盟成员国相比，立陶宛是中等的创新国家。但是，它在促进创新和改善创新生态系统方面取

---

① Indeed, Indeed Spotlight: The Global Cybersecurity Skills Gap (2017), Information Security Community on LinkedIn, (ISC) 2. Cybersecurity Trends. 2017 Spotlight Report (2017).

得了长足的进步。① 在欧盟，私营部门分配给创新的资金仍然少于欧盟以外的竞争对手。立陶宛尚未对网络安全市场进行可靠的评估。然而，人们公认市场在增长。出于这个原因，创新将有助于建立和增强立陶宛作为开发创新型网络安全产品和服务的竞争性国家的地位。在寻求长期科学、技术和创新发展的同时，将创新举措与国家政策结合起来，可以实现这种协同作用。

立陶宛的监管环境有利于金融服务活动，并促进了金融部门的创新。根据2017年立陶宛金融科技报告的数据，当年立陶宛有117家金融科技企业在运营。该领域是立陶宛银行实施战略活动的方向之一，因此，它在最有前途和最有前景的金融技术创新之一（即区块链技术）中的活动，将有效地促进金融科技创新的发展。

为实现战略的第三个目标，还明确了以下三个子目标：

第一个子目标是扩大科学研究和活动，从而在网络安全领域创造高附加值。通过创造合适的条件来创造新的高级功能，可以实现这一目标，这些功能可以通过促进网络安全市场的增长，向国外市场出口网络安全服务，扩大金融技术的网络安全领域来发展网络安全计划，并进行相应的研究。

第二个子目标是发展与市场需求相匹配的创造力、先进能力、网络安全技能和资格。通过让公共和私营部门以及科学与教育机构的代表创建网络安全能力模型，建立网络安全能力标准、开发培训和认证系统，所有这些都将依需求而实现。劳动力市场吸引和发展人才，创建网络安全培训和测试环境，向初学者授课，并为ICT领域的工作人员提供重新培训/重新资格认证的机会，提高对网络知识的了解，处理敏感数据的人员安全性。

第三个子目标是促进公共和私营部门与科教机构在发展网络安全创新方面的合作。通过确定私营和公共部门的共同需求，明确它们对科学网络安全研究的重要性，通过制定技术措施、方法和其他资源，发展解决网络安全问题的能力并实现特定的网络安全目标，可以实现该目标。

4. 该战略的第四个目标是加强私营部门和公共部门之间的密切合作。

在宽带基础设施发达的现代国家中，公共部门的代表不能再与危险的

---

① European Commission. 2018. The European Innovation Scoreboard (2018).

网络事件或对自身产生重大影响的网络事件做斗争。关键信息基础结构的管理人员（通常是私营部门的代表）并不总是能够控制网络事件，而这种事件本身超出了组织的能力。因此，为了确保充分的网络安全，公共部门和私营部门之间的合作变得共享。私营部门和公共部门之间合作的主要条件是建立全面的伙伴关系，需要信任和利益；因此，公共和私营部门应为此目标而努力。

网络安全理事会是立陶宛共和国政府于2015年4月23日通过关于“批准建立网络安全理事会及其议事规则”的第422号决议而设立的，这在政治层面上是非常必要的。私人和公共部门之间合作的一个例子就说明，必须尽一切努力有效地享受《网络安全法》所定义的网络安全委员会的权利。

为确保私营部门和公共部门之间的合作，使用了网络安全信息网络（以下简称“网络”）。建立该网络的目的之一是共享有关潜在和过去的网络事件的信息，并交换建议，探讨技术解决方案和其他措施，以确保网络安全以及网络成员在网络安全领域之间的合作。必须在网络中整合有助于确保有效和相互信任的措施，以促进网络成员之间的沟通。

信息和通信技术得到了广泛使用，其在21世纪的优势是不容置疑的，但是信息和通信技术的普及提出了如何有效地应对已查明的信息和通信技术安全漏洞的问题。目标不同的人正在寻找ICT安全方面的空白；但是，为了开发一种负责任的方法来揭露ICT安全方面的问题，重要的是要为发现了问题并希望补救的人们创造合适的条件，使其与ICT安全的网络安全实体合作。确定并公开宣布了ICT安全漏洞的披露程序后，网络安全实体将受到保护，免受网络事件可能造成的损害，或将其大大减少。建立揭露ICT安全漏洞的程序及其公开发布，将有助于确保该国的网络安全，并为私营部门和公共部门之间的合作提供更多机会。

为实现战略的第四个目标，还确立过以下三个子目标：

第一个子目标是加强私营部门和公共部门之间合作的协调。通过在网络安全领域建立私营和公共部门之间的可持续合作模式，确定责任和能力，加强国家的网络安全，交换有关网络威胁、网络事件的相关信息，将实现这一目标。通过开发预警系统，创建新的和改进现有的沟通方法和程序，使私营部门和公共部门之间的经验教训得到采用。

第二个子目标是提高私营中小型企业代表的网络安全成熟度。通过鼓励（敦促）中小企业代表检查其网络安全状况并填补网络安全漏洞，可以实现此目标。

第三个子目标是建立负责任的做法，以揭示私营和公共部门中 ICT 的安全漏洞。通过采取负责任的实践来揭示私营部门和公共部门中的 ICT 差距，建立该领域的运作原则，应用方法的程序、技术能力和为此目的设计的其他措施。

5. 该战略的第五个目标是加强国际合作，确保履行网络安全领域的国际义务。

立陶宛的国家安全和社会繁荣直接取决于稳定和自由访问的安全网络空间。考虑到网络威胁和风险已成为跨界性质，立陶宛将寻求通过与双边和多边伙伴积极合作并参加国际合作来加强其国家网络安全，建立论坛来解决与网络安全有关的问题以及有针对性地管理全球虚拟空间的问题。

立陶宛立志成为寻求解决网络安全和互联网管理问题的国际社会的积极成员，立足于与合作伙伴和盟友的积极合作，签署一项关于网络空间法律法规的国际协议，该协议应基于对网络空间的遵守。这项国际法规定，适用于该空间活动的规定和原则、开放互联网的安全性以及网络空间的人权和自由保护。立陶宛将特别重视与北约、欧洲联盟和其他在网络防御领域坚持民主原则的国家的合作。立陶宛支持与北约和欧盟在该地区的尽可能紧密和可持续的合作，以期避免职能和活动的重叠。立陶宛将特别加强与美国在政治和技术层面的双边合作。

为实现战略的第五项目标，还明确了以下三个子目标：

第一个子目标是在网络安全领域发展与波罗的海地区国家之间的国际跨界合作。参加欧盟、北约、联合国、欧洲安全与合作组织、波罗的海地区组织和其他国际组织的活动，以实现这一目标。

第二个子目标是加强维护国际网络安全的能力。该目标将通过启动和管理“永久结构化合作”项目来实现，该项目旨在巩固那些欧盟成员国的网络和军事能力，以及它们在网络安全和国防领域的合作，这些国家的民用网络和军事能力达到较高标准，并且相互依赖更大的承诺。

第三个子目标是进一步开展与美国在网络防御领域的对话，以争取美国参与立陶宛的网络安全保证项目。将通过发展立陶宛与美国之间在政治和技术上的双边合作以及开展双方的网络防御和安全活动来实现这一目标。

第三编（战略和责任的实施）认为，为了实施该战略的目标，立陶宛政府应批准一项机构间运作计划，应制定实施该战略的措施并为此目的分配资金。该计划的起草应由国防部在 NCSC 的参与协调下进行。该战略的机构运营计划应指定部委执行，其他州和/或市政当局、机构和/或组织应在其职权范围内参加该战略的实施。非政府组织、公共和私人利益相关者的代表、立陶宛的教育机构，都可以为实施该战略以及实现其目标做出贡献。

1. 该战略的实施应利用立陶宛共和国当年计划的国家预算、市政预算的资金、欧盟的支持和其他国际财务支持，以及其他合法获得的资金的拨款来实施。战略执行者应承担计划所需财务资源的责任，该责任应根据《网络防御法》中确立的辅助原则进行。

2. 应根据实施战略的标准和战略附件中指示的目标价值评估战略目标的实现。战略执行情况的监测和评估，将基于立陶宛统计局和欧盟统计局公开使用的社会学民意测验和调查数据。国防部、NCSC 和网络安全委员会将对战略实施结果进行监控。

（1）战略执行者应在年底时至迟于次年 1 月 15 日之前向 NCSC 提供有关该战略实施过程、其有效性和支持文件的信息。该信息可能会附带有关战略和/或实施文件规范的建议/提议。应 NCSC 的要求，战略执行人必须提供监测战略实施结果所需的任何其他信息。所有利益相关者均有权在战略实施期间随时提出有关更新战略规定的建议。

（2）NCSC 收到《国家网络安全战略》第 47 段规定的信息后，应向国防部提供上一战略目标及其执行状况的系统化数据，并转发建议，指出不迟于当年 2 月 1 日提出的问题，这些问题阻碍了该战略的执行。

（3）国防部应在每年 3 月 1 日之前汇总收到的前一年的信息，以及该战略的实施过程和效率的数据。然后应将有关该战略年度实施的系统化数据提交给网络安全委员会，并提交给政府。政府应每年通过提供有关国家安全与发展状况的年度报告，向立陶宛塞马斯国家安全与防御委员会报告该战略的执行情况。

3. 与战略执行情况的年度和最终评估有关的所有公共信息均应在 NC-

SC 网站上公布。

4. NCSC 应在实施战略的最后期限前 6 个月草拟对执行情况进行最终评估，并将其提交给国防部，然后应将其转发给网络安全委员会和政府。

作为立陶宛《国家网络安全战略》的附件，其实施评估标准和目标值列出了该战略 5 个目标的评估项目清单：

项目编号	评估标准的名称	评估标准的价值			监督评估标准实现情况的机构或实体
		2017 年的初始值	2021	2023	
《国家网络安全战略》（以下简称“战略”）的主要目标是通过有效及时地识别网络事件，为立陶宛社会提供利用信息和通信技术（ICT）潜力的机会，防止它们的发生和扩散，并管理由网络事件引起的后果					
	立陶宛共和国在全球网络安全指数评级中不低于指定水平的位置	57	30	20	国防部
1	网络事件威胁级别（不高于指定水平）	3.4	3.2	3	国防部
该战略的第一个目标是加强国家的网络安全和发展网络防御能力					
2	符合网络安全要求（不低于规定）的网络安全实体（代理）的百分比	*	35	50	国防部
3	很难被黑客入侵（不低于指定水平）的公共部门网站的百分比	25	28	32	国防部
4	参加国家网络安全演习/培训的关键信息基础架构和国家信息资源的管理者所占百分比（不低于规定）	42	60	70	国防部

续表

项目编号	评估标准的名称	评估标准的价值			监督评估标准实现情况的机构或实体
		2017 年的初始值	2021	2023	
5	国家现代化网络安全和网络防御能力的百分比（不得低于规定的百分比）	限制（R）	R	R	国防部
该战略的第二个目标是确保预防和调查网络空间中的刑事犯罪					
6	完成培训的人员、公共检察官、专家、从事网络空间犯罪调查的专家所占百分比（不低于规定）	*	70	90	国防部与战略执行官合作
7	为处理网络空间中的犯罪活动而设计或开发的技术工具、程序、分析平台的数量（单位），不得少于规定数量	*	2	5	国防部与战略执行官合作
8	旨在预防和控制网络空间刑事犯罪的项目数量（单位），不得少于指定数量	2	2	2	国防部与战略执行官合作
9	参加旨在防止和调查网络空间刑事犯罪的国际事件和工作组的数量（单位），但不得少于规定数量	12	14	15	国防部与战略执行官合作
10	调查网络空间犯罪活动时参加国际行动的数量（单位），不得少于规定的数量	3	4	6	国防部与战略执行官合作
该战略的第三个目标是促进网络安全文化和创新发展					

续表

项目编号	评估标准的名称	评估标准的价值			监督评估标准实现情况的机构或实体
		2017年的初始值	2021	2023	
11	自2018年以来，在网络安全领域促进创新发展的项目总数	0	5	10	国防部与战略执行官合作
12	促进数字素养文化、发展安全知识和科学研究知识的投资额	*	1000	2000	国防部
13	获得网络安全资格的人数（单位），不少于规定的数量	33	200	400	国防部与战略执行官合作
14	通过国家公务员登记和公共服务管理信息系统模块接受培训的公共服务从业人员以及根据雇佣合同工作的公共机关和事业单位的雇员的比例，不得低于规定的水平	0	10	70	国防部与战略执行官合作
该战略的第四个目标是加强私营部门和公共部门之间的密切合作					
15	通过公共和私营部门合作在网络安全领域开发的模型数量（单位）为不少于规定的数量	0	0	1	国防部与战略执行官合作
16	纳入网络安全信息网络的国家信息资源和重要信息基础架构的管理人员所占的百分比	36	86	90	国防部
17	为改善公共和私营（中小型企业）部门代表的网络安全状况而设计的措施数量（单位），不得少于规定数量	0	4	6	国防部与战略执行官合作

续表

项目编号	评估标准的名称	评估标准的价值			监督评估标准实现情况的机构或实体
		2017 年的初始值	2021	2023	
18	为形成披露公共和私营部门 ICT 安全缺口的实践而设计的措施数量（单位），不少于规定数量	0	1	2	国防部与战略执行官合作
该战略的第五个目标是加强国际合作，确保履行网络安全领域的国际义务					
19	收到邀请的欧盟、北约和波罗的海地区组织的有关网络安全事务的会议、论坛或其他活动的参与率，不得低于规定的水平	25	50	70	国防部与战略执行官合作
20	参加收到邀请的网络事件调查的国际组织工作组会议的百分比，不得低于规定的水平	70	85	100	国防部
21	在网络防御领域与国际组织、欧盟成员国、北约成员国、波罗的海地区国家和其他国家签署的合作协议的数量（单位），不得少于规定的数量	2	1	2	国防部与战略执行官合作

* 评估该战略执行情况的各个标准的初始值未知，因为协调符合某个评估标准的主管部门没有这些评估标准值的信息。有关评估标准价值的数据将于 2019 年收集。

作为一个小国，多年来立陶宛一直重视网络安全，将其纳入国家战略层面，并出台多份战略性文件，有计划、有步骤、分阶段地提升国家的网络安全水平。立陶宛的国家网络安全战略充分吸取、接受了欧盟、北约、欧洲安全与合作组织和国际电信联盟等国际组织的意见和建议，充分体现了西方的价值观和思维方式；并且作为一个务实的民族，立陶宛非常注重网络安全战略的实施，制定了清晰的路线图和评价体系；集全国之力并协调政府各部门的行动，从而能够确保其战略得到有力地实施。这些经验和做法值得包括我国在内的各国学习、借鉴。

第四节 英国

相较于美国的网络空间国际战略，英国的国家网络安全战略并不谋求自身在网络空间有主导地位，而是聚焦于维护本国网络安全、提升本国网络安全产业竞争力等方面，用以构建安全、可靠与可恢复性强的网络空间，确保英国在网络空间的优势地位，从而促进并实现英国的经济繁荣、国家安全和社会稳定。

总结英国政府近年来先后推出的三版（2009 年、2011 年、2016 年）国家网络安全战略，可见其具有以下显著特点。

一、网络安全战略框架较完备

从英国三版国家网络安全战略的发展演变来看，经过多年的努力和不断优化完善，英国政府已经建立起较为完备的国家网络安全战略框架。主要体现在：一是指导原则和战略目标清晰明确。随着战略的实施和演进，英国政府对国家网络安全的愿景（战略总目标）的设置日益清晰和宏大，关键具体目标越来越详细和明确，实现战略目标应遵循的指导原则不断丰富和完善，为英国加强网络安全建设提供了方略指导。二是重视安全形势评估和安全理念阐释。英国的三版国家网络安全战略文件，十分重视分析英国面临的网络安全形势，特别是威胁来源，阐述了英国政府对网络空间、网络安全等核心概念的主张，明确英国在维护网络安全方面追求的核心价值观，从而对各项行动举措提供思想支持和理论指导。三是行动举措的可操作性强。英国的战略文件均提出确保战略目标实现的具体措施及行动方案，涉及部门职责、人才培养、网络执法、市场培育、技能培训及国际合作等多个层面的行动细则，有很强的可操作性。

二、突出积极防御与战略威慑

从内容上看，英国政府在实现国家网络安全战略目标的行动举措中，非常重视积极防御和战略威慑，希望借此降低网络安全威胁并维护英国的网络空间的优势地位。在积极防御方面，英国的2009年版战略提出，要在积极防御的同时，充分利用英国在网络空间的优势主动展开行动，例如，打击恐怖主义和严重的集团犯罪行为等，用以支持网络安全和国家安全政策目标的实现；2011年版战略提出，将落实研发潜在的网络安全创新解决方案、开发新的网络防御战术和技术等防御措施；2016年版战略提出，将投入更多资金用于支持网络安全项目研发、网络威胁侦测与预警等举措。在战略威慑方面，英国的2016年版战略将“威慑”作为实现战略的三大关键具体目标之一，提出要加强网络威慑能力建设，使英国具备世界领先的、可适当支配的进攻性网络能力，可以在必要时采取网络进攻行动，以此来“削弱对手攻击意愿和能力”，“震慑、阻止网络攻击”。

三、注重商业及经济发展繁荣

作为老牌商业帝国，促进经济增长是英国政府的首要目标，其更为看重网络安全战略给国家商业和经济发展繁荣带来的机遇。英国政府始终将网络安全建设的终极目标定位于促进经济及商业发展繁荣上，其中2009年版国家网络安全战略的愿景目标是政府、企业和公民享受网络空间安全的全部好处，维护和促进本国经济发展；2011年版战略的最终愿景是从充满活力和可恢复性强的安全网络空间中获利，促成经济大规模增长和经济繁荣；2016年版的战略愿景提出，“争取在2021年成为安全的数字化国家，维护英国经济安全发展”。行动方案也提出，要加大网络安全投资，促使网络空间的发展方向有利于英国经济和安全利益。英国政府还通过发布《商业领域网络安全指南》等措施，为商业企业的发展提供网络安全指导。这充分显示了英国政府在保障网络安全促进经济和商业繁荣发展方面的自信和重视。

四、政府高度重视网络安全的军事价值

英国不但早就秘密组建了黑客部队，且在全方位、多层次地提升网络

防御能力，强调加强政府跨部门和公私部门协作的重要性。英国在国家网络安全战略的指导下，采取了下列主要措施推动战略的实施进程和目标的实现：启动多项网络安全计划；组建新的网络安全机构；加强跨部门及公私协作；大力培育网络安全人才；重视开展国际交流合作。

事实上，针对国家政府和关键基础设施的网络攻击是诱发各国变革网络安全战略理念的重要动因，尽管传统网络犯罪依旧是网络安全战略关注的重点，但对于大规模网络攻击造成国家运行瘫痪的恐慌，却深深地植入新一版国家网络安全战略的预判中。如 2011 年的英国网络安全战略认为："2007 年针对爱沙尼亚政府网络的攻击、2009 年针对韩国和美国的大规模拒绝服务攻击、2010 年针对伊朗核设施的'震网'病毒攻击等安全事件，成为信息安全保障关注关键基础设施的转折点。"该战略认为，互联网主导了经济的增长，同时越来越广泛地支撑着社会的整体安全，网络安全事件所导致的潜在的在线经济信赖利益的减损会对英国的经济和社会发展产生损害；同时该战略强调，在保护国家安全的同时，需要兼顾隐私等公民权利。

第五节　各国网络安全战略的比较分析

目前，根据各国不同的网络能力，全球网络防御可分成三个层次：以美国为代表的发达国家，处于智能迭代为特点的智能防御 3.0 时代；以中国为代表的发展中国家，部分进入安全可控为特点的主动防御 2.0 时代；非洲等欠发达国家，处于以合规保障为特点的被动防御 1.0 时代。

各国的网络安全战略立足本国国情，各具特色：有的国家将网络安全纳入国家的网络战略，有的则制定专门的国家网络安全战略；有的国家出台了多份（版）网络安全战略，有的则基本上只有一份网络安全战略；以美国为代表的国家更为重视关键性网络基础设施的安全，以俄罗斯为代表的国家则更加重视网络信息安全；美国的网络安全战略具有显著的进攻性特征，中国的网络安全战略则立足防御；就战略重点而言，各国集中关注重要信息通信系统的防护、网络安全政策法规制度等的完善、公私合营或军民融合及国际合作、网络安全人才的培养等方面；各国的网络安全战略都强调打击网络犯罪、网络恐怖主义，但对网络黑客、网络攻击、网络窃密等行为的态度不一；各国的网络安全战略都重视国际合作，但有的国家以与盟国的合作为主，有的国家更重视与本地区国家的合作，以中国为代表的大多数发展中国家更加强调在联合国框架内开展网络安全的国际合作。

一、各国网络安全战略的共性

总体而言，各国的网络安全战略具有如下共性：

第一，各国均重视网络安全，并不约而同地将网络安全提升至国家的战略层面，强调没有网络安全就没有国家安全。其根本目的是提升综合国力，促进国家安全和发展，而基本思路就是遏制网络的消极影响，充分发挥网络的积极作用。

第二，越来越多的国家把网络空间视为维护和拓展自身价值观的重要领域，使网络安全战略带有浓重的意识形态色彩；这诱发了网络空间的不信任、对抗与冲突，甚至危及网络空间的战略稳定。

第三，为争夺网络空间的权益，特别是主导权，各大国积极进行战略谋划和利益协调，致力于构建网络战略同盟；美国与英国、加拿大、澳大利亚和新西兰组成的“五眼联盟”是其中的典型代表。

第四，很多国家设立专门机构居中负责网络安全事务，协调政府各部门，整合政府、企业和社会力量，以形成整体合力，确保其网络安全战略目标的顺利实现。

第五，各大国网络战略的目标，已经超越一国的网络安全，重点着眼于现实世界中的战略竞争，抢抓网络规则制定权，争夺网络空间战略优势。

第六，各国均面临着严峻而复杂的网络安全问题。网络犯罪、网络恐怖主义、网络攻击等不法行为给各国造成不同程度的严重损失和破坏；各国普遍将网络犯罪视为网络安全的重要，甚至首要威胁。

第七，各国均重视网络安全领域的国际合作。由于网络威胁具有跨国界性质，各国均认识到在网络安全领域开展、加强国际合作的重要性、必要性和紧迫性。网络安全事关国际社会的共同利益；没有哪一个国家能够在网络安全威胁面前独善其身；也没有哪一个国家能够独自应对网络安全问题。如欧盟网络安全战略提出，保持开放、自由和安全的网络空间是一项全球性挑战，欧盟正在与相关国际伙伴和组织、私营部门和民间社会一道应对这一挑战。

确定和吸引利益相关者是战略成功的关键步骤。成功的网络安全战略需要在公共和私人利益相关者之间进行适当的合作。许多国家的网络安全战略都提出，网络安全的公私伙伴关系（PPP）建立共同的维度和目标，并使用定义的角色和工作方法来实现共同的目标。公众利益相关者具有政策、法规和运营授权，他们确保国家关键基础设施和服务的安全；选择的私有实体应该成为开发过程的一部分，因为它们拥有最关键的信息基础架构和服务。

此外，各国普遍重视维护互联网关键性基础设施的安全，各国均重视开发新的网络技术和应用，各国均重视网络安全人才的培养和教育，各国均重视网络安全的宣传和知识普及，等等。如 2012 年《捷克共和国网络安全战略》提出以下教育和培训计划：应与学术界和私人领域开展旨在制定注重网络安全的培训计划的合作；应定期评估网络安全资格、学校学习和其他教育机会的需求；网络的安全性问题将在各级教育中得到实施；在各级教育中实施网络安全意识是捷克的战略重点之一。

2013 年匈牙利网络安全战略也指向这个方向，并揭示了欧盟内部的趋势。教育、研究与发展：匈牙利特别重视将网络安全整合到初等、中等和高等教育的信息技术教学大纲中，以及政府官员的培训课程和专业再培训的课程中；匈牙利致力于大学和大学之间的战略合作，在网络安全研究和开发方面取得的杰出的和国际认可的成果科研点，帮助其建立了卓越的网络安全中心。

法国政府也在朝着这个方向发展。其网络安全战略的长期目标是“在教育过程中提高公民对网络安全问题的认识”，要求“实施积极的政府沟通政策”。类似地，荷兰网络防御战略承认了网络安全意识的重要性，并指出“所有国防人员必须意识到与使用数字资产有关的风险”；网络安全意识将成为所有国防培训课程不可或缺的一部分。为此，在研发和培训领域将需要与公共部门合作伙伴、大学和私营部门合作；高等教育机构，特别是大学，将在实现所有这些方面中发挥重要作用。挪威政府在网络安全战略中确定了 7 个战略重点，其中之一是“信息安全领域的高质量国家研究与开发”，所有利益相关者都应努力促进领先的 ICT 公司与学术界之间的富有成效的互动。

2013 年发布的《印度网络安全战略》的目标 J 中有关“人力资源开发”规定：1. 促进正规和非正规部门的教育和培训计划，以支持国家的网络安全需求和能力建设；2. 通过公私伙伴关系安排在全国范围内建立网络安全培训基础架构；3. 建立网络安全概念实验室，以提高关键领域的意识和技能；4. 建立执法机构能力建设的体制机制。

二、各国网络安全战略的差异

各国的网络安全战略存在的区别也有不少。比如，在网络空间的定义、网络安全威胁等问题上，很多国家的表述都不同。

（一）关于网络空间的定义

美国：网络空间是他们的“关键基础设施”神经系统——国家的控制系统。网络空间由成千上万个相互连接的计算机、服务器、路由器、交换机和光纤电缆组成，它们使得关键基础架构能够正常工作。因此，网络空间的健康运行对于经济和国家安全至关重要。

英国：网络空间是由数字网络组成的交互式领域，用于存储、修改和传达信息。它不仅包括互联网，还包括支持业务、基础架构和服务的其他信息系统。

德国：网络空间是在全球范围内以数据级别链接的所有 IT 系统的虚拟空间。网络空间的基础是互联网，它是一个通用的、可公开访问的连接和传输网络，可以通过任意数量的其他数据网络加以补充和进一步扩展。网络空间包括可通过互联网访问的所有信息基础架构，其范围跨越所有领土。

芬兰：这种相互依赖的多用途电子数据处理环境的国际术语是网络领域。

加拿大：网络空间是由相互连接的信息技术网络和这些网络上的信息创建的电子世界。这是一个全球性的公地，有超过 50 亿人联系在一起，以交流思想、服务和友谊。

澳大利亚：澳大利亚的国家安全、经济繁荣和社会福祉在很大程度上取决于一系列信息和通信技术的可用性、完整性和机密性。这包括台式计算机、互联网、移动通信设备以及其他计算机系统和网络。

罗马尼亚：由网络基础设施生成的虚拟环境，包括处理、存储或传输的信息内容以及用户采取的行动。

荷兰、爱沙尼亚没有具体定义网络空间。

（二）关于网络安全威胁

美国：各种各样的恶意行为者可以且确实对关键信息基础架构进行攻击。最令人关注的是有组织的网络攻击的威胁，这种攻击有可能使国家的关键基础设施、经济或国家安全受到破坏。针对美国信息网络上的网络攻击可能会造成严重后果，例如破坏关键业务、造成收入和知识产权损失或生命损失。

英国：来自世界各地的罪犯已经利用互联网以多种方式瞄准英国。英国在网络空间中面临的一些最复杂的威胁来自其他国家，它们试图监视或损害政府、军事、工业和经济资产，并监视其政权的反对者。网络空间已被恐怖分子用来传播宣传、激化潜在支持者、筹集资金、沟通和计划。

德国：鉴于网络空间的开放性和范围，有可能进行隐蔽攻击并将易受攻击的系统滥用为攻击工具。鉴于技术复杂的恶意软件，响应和跟踪攻击的可能性相当有限。被攻击通常不了解攻击者的身份和背景。

荷兰：当发生网络攻击时，通常很难确定肇事者，他们可能是孤独的黑客、组织、国家或这三者的总和。网络威胁（网络犯罪、网络恐怖主义、网络行动主义、网络间谍活动和网络冲突）的性质通常也不清楚。但是许多网络攻击都涉及相同的技术和方法。

加拿大：网络犯罪，攻击者一旦访问计算机，便可以窃取或篡改存储在计算机上的信息，破坏计算机的操作和程序，攻击与其连接的其他计算机和系统；网络间谍活动，最复杂的网络威胁来自外国情报和军事部门；网络恐怖主义，恐怖主义网络也正在将网络运营纳入其战略学说。在许多活动中，他们正在使用互联网支持招募、筹款和宣传活动。

澳大利亚：全球社区继续经历着网络犯罪的规模、复杂性和成功犯罪概率的增加。正如我们已经看到 ICT 在促进合法经济活动中的好处一样，我们现在看到网络犯罪正以前所未有的规模出现。

罗马尼亚：对网络空间的威胁可以通过几种方式进行分类，但最常用的是基于动机因素和对社会影响的威胁。为此，我们可以考虑由国家行为者和非国家行为者共同实施的网络犯罪、网络恐怖主义和网络战争。

芬兰、爱沙尼亚没有明确地描述网络安全威胁。

（三）网络安全的客体

各国对网络安全的关注集中在基础设施与网络信息。以美国为代表的国家更为重视关键性网络基础设施的安全，以俄罗斯为代表的国家则更加重视网络信息的安全。

再如，德国网络安全战略突出关键基础设施的防护。德国政府认为，由于网络信息系统的相互关联性，关键基础设施、尤其是 CII 的安全防护已经成为政府和行业联合网络行动的核心。鉴此，德国政府将关键基础设施的安全防护列为国家网络安全战略的重点，并写入国家法律。其中，2011 年网络安全战略将关键基础设施保护列为任务之首，不仅明确关键基础设施的定义和范围，还要求公私部门为密切协作建立坚实的战略和组织基础，确保德国的网络安全水平与信息基础设施的重要性相对称；2015 年通过的《信息技术安全法》进一步明确关键基础设施运营者的法律责任，并对未及时完善保护措施者处以高额罚款；2016 年网络安全战略再次将保护关键基础设施列为网络安全行动的重要领域，要求政府和企业须在各个层面通力合作，并建立信息信任交流机制。

日本的网络安全战略也突出对关键基础设施的保护。日本认为，关键基础设施（CI）是国民社会生活和企业经济活动的基础，若设施功能遭到损害或破坏，将造成严重后果，因此，保护 CI 免遭网络攻击已成为国家安全保障和危机管理的重大课题，采取最佳的网络安全措施至关重要。为此，前后三版的日本《网络安全战略》都明确地将 CI 保护列入规划之中。其中，2013 年版战略要求，针对 CI 制订新的安全标准、加强供应链风险管理，建立威胁信息共享机制与信息安全评估认证机制等；2015 年版战略提出，要在公私合作的基础上，为 CI 保护提供服务，包括修订扩大 CI 保护范围、确保信息共享有效及时等；2018 年版战略提出，要通过推广信息安全标准制定指南、将网络安全措施定位为相关法令的安全规定等措施，保护 CI 安全。为落实战略措施，日本政府还于 2014 年推出《CI 信息安全措施第三期行动计划》，将 CI 范围由 10 个领域增加为 13 个领域；2015

年，在网络安全战略本部下设立 CI 专门调查会，作为日本 CI 保护领域的最高领导和决策机构，同时，在内阁网络安全中心下设 CI 保障组，负责 CI 保护政策的具体推行；2018 年推出《CI 信息安全标准制定指南》和《CI 信息安全措施第四期行动计划（修订版）》。

三、各国网络安全战略的发展趋势

因为发展阶段、价值理念、国际地位等的差异，各国的网络安全战略存在诸多冲突之处。比如，各国的网络安全战略都强调打击网络犯罪、网络恐怖主义，但对网络黑客、网络攻击、网络窃密等行为的态度不一；各国的网络安全战略都重视国际合作，但有的国家以与盟国的合作为主，有的国家更重视与本地区国家的合作，以中国为代表的大多数发展中国家更加强调在联合国框架内开展网络安全的国际合作。综合各国网络安全战略的现状，可以发现以下重要趋势。

（一）大国重视网络空间的战略稳定

大国关系和战略稳定是网络空间秩序与和平的两个关键因素。网络安全领域的战略稳定，事关全球的战略稳定；合作与对抗的不同选择，将对各国的网络安全产生重大的影响。然而，大国之间的网络冲突正在加剧，网络空间的军事化正在加速，对全球战略稳定构成严重威胁，并可能影响国家、全球贸易之间的安全和政治信任系统、技术发展和全球供应链的完整性。①

最近的美国网络战略将网络行动重点从被动防御行动转向持续的竞争行动，“扰乱或制止对美国的恶意网络活动”，美国拥有强大的网络攻击能力，并有程序来管理网络攻击能力的使用，美国网络攻击能力有明确的使用权限、审查和问责，美国政府认为，许多其他国家军方已经拥有或正在积极发展网络攻击能力。美国专家坚持认为，中国承认其拥有网络攻击能力，并阐明网络攻击能力的使用原则，对于网络空间的承诺和稳定的双边对话都至关重要。

---

① See Zhou Hongren, “Strategic Stability in Cyberspace: A Chinese View”, *China Quarterly of International Strategic Studies*, Vol. 5, No. 1, 2019, pp. 81 –95.

在美国整体的国家网络安全战略架构中，随着阿什顿·卡特入主国防部，预防性防御的理念深刻地影响了包括网络空间行动战略在内的各项重要战略。2015 年 5 月颁布的国防部网络空间行动战略，明确地将网络手段当成是美国总统和国防部长面对危机时可以做出的选择。对中国来说，这其中最大的挑战就是，如果未来在南海、东海、台海等区域出现某种紧张局势，美国国防部是否可能将网络攻击作为对中国大陆实施战略威慑的实质性选项？如果是，这种选择在多大程度上可能影响中美两国在网络空间的战略稳定，乃至外溢波及非网络空间的中美战略稳定？①

令人遗憾的是，迄今为止，无论是阿什顿·卡特，还是麦克·罗杰斯，美国军方在网络空间的主要战略决策者均深受冷战思维的影响，面对中美总体战略力量对比的变化，继续选择的是强化美国在网络空间的战略攻击能力，并意图将美国占据显著乃至压倒性的力量优势，作为衡量和评判中美网络安全战略稳定的标志：只有在美国具有显著力量优势的情况下，战略稳定才是成立和可以接受的；中方只有接受美国的威慑乃至强制，战略稳定才是确实存在的。②

美、中的不同认知阻碍了相互理解和信任，双方很难就网络空间的战略稳定进行有意义的双边对话，缺乏这种对话也使相互理解和信任更难实现。当涉及网络事件可能对指挥、控制与通信系统架构构成威胁时，缺乏理解和信任的问题尤其严重，可能导致事态升级，超出国家领导人的意愿。

同时，学术界的意见分歧很大。一些学者不承认国家是网络空间的主要参与者，但主张建立开放、透明、自下而上和多方利益相关者的治理模式。③ 其他学者则试图将关于核稳定性的冷战课程应用于网络空间。两种方法之间的明显差异使协调政策成为一项重要的任务。④

---

① 沈逸：《美网军部队成型将挑战网络空间战略稳定》，《21 世纪经济报道》2016 年 7 月 18 日，第 6 版。

② 同上。

③ See Laura DeNardis and Mark Raymond, "Thinking Clearly about Multistakeholder Internet Governance," Giga Net: Global Internet Governance Academic Network, 14 November 2013, pp. 1－2, https://papers.ssrn.com/sol3/papers.cfm?abstract_id=2354377.

④ See Joseph S. Nye, Jr, "Nuclear Lessons for Cyber Security," *Strategic Studies Quarterly*, Vol. 5, No. 4, Winter 2011, pp. 18－36.

1. 网络空间中的力量平衡/行为模式

网络空间改变了标准的国家安全演算。各国在追求网络空间安全方面变得更加积极进取，对政治关系更加不信任，在商业和技术问题上更注重亲身实践，这表明趋向于排斥国际合作的技术民族主义倾向。[①] 此外，网络攻击不仅限于军事目标，更威胁到国家的整个关键基础设施，其中大部分由私营企业运营。屏蔽所有攻击者将是不现实的，而且代价很高。被动防御通常被认为不足以应对网络攻击。因此，国家战略通常偏重于进攻。

俄罗斯黑客干预选举和剑桥分析公司的活动是新挑战的典型例证。[②] 大国之间的不信任加深，使政治安全脆弱，政治承诺难以兑现。大国也发现，在网络空间问题上达成共识更加困难。通常情况下，它们在内部被分割，无法找到统一的声音来与外部互动。例如，认为互联网监视合法的美国政府倾向于轻视企业和公众对知识产权和隐私的关注，使国际上难以就网络间谍活动达成共识。[③] 许多网络攻击的“合理理由”，是实施政治手段的另一个障碍。

在商业领域，技术民族主义取代了经济效率和劳动力的全球分布，成为全球供应链的决定性因素。这种现象在军事领域已经相当普遍。然而，网络和信息技术更多地用于民用、而非军事目的。因此，网络领域的技术民族主义将对全球经济产生更深远的影响。爱德华·斯诺登（Edward Snowden）警告说，拥有比大多数政府更多的技术资源的美国跨国公司，例如谷歌、微软和亚马逊，可能会成为美国政府的战略工具。[④] 对这些公司的依赖使其他政府处于高风险状态。因此，他们倾向于偏爱本地互联网产品和服务。

---

① Lu Chuanying, “Cyberspace Security Dilemma and Governance Structure,” *Contemporary International Relations*, Vol. 11, 2011, pp. 55 – 59.

② See Clint Watts and Andrew Weisburd, “How Russia Wins an Election,” *Politico*, 13 December 2016, https://www.politico.com/magazine/story/2016/12/how-russia-wins-an-election-214524.

③ Jack Moore, “Intelligence Chief: OPM Hack Was Not a ‘Cyberattack’,” *Nextgov*, 10 September 2015, https://www.nextgov.com/cybersecurity/2015/09/intelligence-chief-clapper-opm-hackwas-not-cyberattack/120722/.

④ See Dennis Broeders, Sergei Boeke and Ilina Georgieva, “Foreign Intelligence in the Digital Age: Navigating a State of ‘Unpeace’,” The Hague Program for Cyber Norms, *2019 Policy Brief*, September 2019.

2. 难以捉摸的战略稳定性

战略稳定的概念主要与核武器有关。① 但它也适用于网络空间，那里的大国竞争造成安全困境和政治怀疑的战略稳定确实脆弱。② 特别是2013年自从斯诺登事件发生后，大国不愿分享对网络安全至关重要的知识和信息。索尼影业黑客和俄罗斯干预2016年美国大选等违规行为增加了这种不情愿。美国等担心中国将利用华为公司的科技能力来监视西方国家，这进一步阻碍了建立集体安全的努力合作，并导致了大国之间的单边主义、先发制人的做法和战略的自力更生。特别是美国国防部已经制定了“前进防御”和“持久参与”的作战概念，有效地将其安全触角扩展到其他州的主权管辖区。③ 遵循了这一原则，美国授权报复伊朗、朝鲜和俄罗斯的互联网关键基础设施，以打击它们对美国网络安全的入侵。④ 尽管美国认为这些行动具有防御性，但伊朗、朝鲜、俄罗斯和整个国际社会都没有采取行动。⑤

中国和美国、俄罗斯和美国之间建立信任措施的对话陷入了僵局。几年前，美国和俄罗斯确实成立了一个网络安全联合工作队，并就建立信任措施达成了暂定协议，但在俄罗斯授予斯诺登政治庇护时被废

---

① See Robert Jervis, “Some Thoughts on Deterrence in the Cyber Era,” *Journal of Information Warfare*, Vol. 15, No. 2, June 2016, pp. 66 – 73.

② See James N. Miller, Jr, and Richard Fontaine, “A New Era in U. S. – Russian Strategic Stability: How Changing Geopolitics and Emerging Technologies are Reshaping Pathways to Crisis and Conflict,” Center for a New American Security, 19 September 2017, https: //www. cnas. org/publications/reports/a – new – erain – u – s – russian – strategic – stability; and International Security Advisory Board, “Report on a Framework for International Cyber Stability,” US Department of State, 2 July 2014, https: //2009 – 2017. state. gov/documents/organization/229235. pdf.

③ US Department of Defense, “Summary – Department of Defense Cyber Strategy 2018,” https: //media. defense. gov/2018/Sep/18/2002041658/ – 1/ – 1/1/CYBER_STRATEGY_SUMMARY_FINAL. PDF.

④ See, for example, David E. Sanger and Nicole Perlroth, “U. S. Escalates Online Attacks on Russia’s Power Grid”, *New York Times*, 15 June 2019, https: //www. nytimes. com/2019/06/15/us/politics/trump – cyber – russia – grid. html.

⑤ See Alexander Klimburg, “Mixed Signals: A Flawed Approach to Cyber Deterrence,” *Survival*, Vol. 62, No. 1, February – March 2020, pp. 107 – 130.

除了。[1] 俄罗斯入侵了2016年美国大选，且对美国发动了网络进攻；而针对俄罗斯的网络运营，只会使情况变得更糟。2013年，中美还成立了一个网络安全工作组，并寻求采取建立信任措施。但是关于打击网络犯罪以及关于执法和网络安全的高层双边对话几乎没有取得实质性进展，因为两国的军方没有直接介入，且因中美贸易战的爆发而中止。

3. 潜在冲击

网络安全是核武器和卫星通信的重要来源。人工智能以及精确打击武器也带来了新的风险。非动力网络武库已成为大国军队越来越重要的作战组成部分，其目标与传统部队的目标不同。尽管它们可以减轻战争的暴力程度，但它们也以关键的民用基础设施为威胁目标，从而产生更广泛的影响。[2] 对于包括《联合国宪章》和国际人道主义标准在内的国际法如何在这一新领域中适用，仍存在分歧。[3] 现有的国际安全架构，包括军备控制和裁军的架构，无法适应新技术。[4] 当前的国际政治体系没有为应对这些挑战做好准备。西方一些政府对联合国推动网络空间秩序发展的能力表示怀疑，非国家行为者因被排除在决策过程之外以及官僚主义的束缚而质疑其合法性。联合国甚至尚未证明就网络空间治理中的基本问题达成并实施国际共识的有效性。在过去的5届会议中，联合国政府专家组只能在有限的规模上达成三度协议。[5]

---

① Ellen Nakashima, "U. S. and Russia Sign Pact to Create Communication Link on Cyber Security," *Washington Post*, 17 June 2013, https: //www. washingtonpost. com/world/national - security/us - and - russiasign - pact - to - create - communicationlink - on - cyber - security/2013/06/17/ca57ea04 - d788 - 11e2 - 9df4 - 895344c13c30_story. html.

② See UNIDIR, "The Weaponization of Increasingly Autonomous Technologies: Concerns, Characteristics and Definitional Approaches," *UNIDIR Resources*, No. 6, 2017, https: //www. unidir. org/files/publications/pdfs/the - weaponizationof - increasingly - autonomoustechnologies - concerns - characteristicsand - definitional - approaches - en - 689. pdf.

③ See Michael N. Schmitt (ed.), *Tallinn Manual* 2. 0 *on the International Law Applicable to Cyber Operations* (Cambridge: Cambridge University Press, 2017) .

④ See Jeremy Rabkin and John Yoo, *Striking Power: How Cyber, Robots, and Space Weapons Change the Rules for Wa* (New York: Encounter Books, 2017) .

⑤ "Group of Governmental Experts on Developments in the Field of Information and Telecommunications in the Context of International Security," *UN General Assembly Document* A/70/174, 22 July 2015.

出于安全原因，越来越多的国家要求对数据进行本地化，从而限制了全球数据流并抑制了全球化。没有数字经济规则，这种趋势就有可能破坏全球经济体系。数字地理经济集团可能会出现在网络空间中。全球经济治理体系也在努力应对技术创新带来的挑战。例如，区块链启用的虚拟货币现在变为洗钱、勒索和欺诈的流行工具。

4. 建立网络空间的战略稳定性

在物理学中，稳定性被定义为对象在经历破坏后恢复其先前状态的能力。各国需要对网络空间的稳定性表示赞赏，要避免破坏性活动，必须建立网络空间安全架构以实现在被破坏后可以恢复稳定性。

网络空间的四种品质应加以确认和认可：战略性、互联性、跨部门性和破坏性。网络空间是所有国家都在制订自己的计划以取得优势并拒绝损害其战略利益的战略边界。从相互联系的意义上来说，从核武器到可穿戴的所有装备都可共享网络空间中的协议、媒体和代码，一个人的问题可能意味着所有人的问题。网络空间是跨部门的，因为相关主题是相互关联的，并且涉及安全、技术和商业领域。网络活动显然可以产生独特的破坏性影响，总的来说，实时数据的传输通常无视应用于物理世界的地理和时间限制。

只有满足多个条件，稳定性才是可行的：第一，全球互联网必须在网络冲突中保持弹性。第二，国家的网络战略和政策不能导致网络平衡。第三，必须设定限制，以使军事网络作战无法在和平时期以关键基础设施为目标。第四，核武器的指挥和控制系统必须禁止网络操作。这些规定应确定国家网络战略的框架。

大国还应认识到某些一般性限制条件，以使战略竞争可控。[①] 特别是网络空间的完整性和互连性应始终受到保护。全球网络空间稳定委员会呼吁保护互联网的公共核心，旨在解决这一问题。政策制定者还必须牢记一项决定或行动对网络安全、数字经济以及信息和通信技术的跨行业影响。各国必须了解过度的安全措施对整个网络空间军事化的有害影响。例如，出于个人隐私和国家安全目的的极端程度的数据本地化，可能会滞碍数据

---

① See Joseph S. Nye, Jr, "Deterrence and Dissuasion in Cyberspace," *International Security*, Vol. 41, No. 3, Winter 2016/2017, pp. 44 – 71.

的自由流通。

5. 网络空间的国际安全架构

网络空间中的国家竞争和冲突使制度上的保证变得更加重要。但是，如前所述，以前基于常规安全实践的旨在提高网络空间透明度，制定建立信任措施和管理危机的努力都失败了。① 从这一失败中可以明显看出，要使新架构真正发挥作用，必须能够满足保护全球关键基础设施的需求，对网络攻击和其他违法行为承担特定责任，共享有关漏洞的信息并确保全球供应链安全的需求。

缺乏相互信任是主要的绊脚石。美国官员表示，美国绝不会向任何人透露其关键基础设施的规模和分布。然而，保留所有信息将扼杀合作的可能性。为能源、运输和金融建立规范和保护措施可能是有用且可实现的第一步。

将网络活动归因于可识别的行为者并因此为此类活动分配责任的难度很大，这是安全性进步的主要障碍。当前，没有客观、中立的国际组织来调查网络安全事件。结果大多数针对国家的攻击并未受到惩罚，这鼓励其他国家效仿并威胁网络空间的安全性和稳定性。一些学者主张采用基于联合国的调查和制止攻击的安排。② 但是，只有少数几个国家拥有确认归因所需要的技术，它们不愿意分享或帮助联合国建立自己的能力。国际组织和其他利益相关者必须表现出明确的决心，以克服这些障碍并支持联合国的核心作用。

此外，还需要一个国际脆弱性——公平过程。漏洞是计算机中的程序错误，可被用来开发网络武器和发起攻击。在国家一级，漏洞权益过程决定了应将零日漏洞的利用引起软件供应商的注意，还是暂时出于国家安全目的予以保留。但是，在国际一级，漏洞被视为获得战略优势的手段，而

---

① See Daniel Stauffacher (ed.) and Camino Kavanagh (rapporteur), "Confidence Building Measures and International Cyber Security," ICT4 Peace Foundation, 2013, https://ict4peace.org/wp-content/uploads/2019/08/ICT4Peace-2013-Confidence-Building-Measure-And_Intern-Cybersecurity.pdf.

② See Martin C. Libicki, *Cyber Deterrence and Cyberwar* (Santa Monica, CA: RAND Corporation, 2009), https://www.rand.org/content/dam/rand/pubs/monographs/2009/RAND_MG877.pdf.

且仍未公开。在这一领域加强国际合作，将为建立大国之间的信任和建立国际安全架构提供重要的技术基础。

最后，全球供应链安全将阻止网络平衡。从高度复杂的全球供应链中滋养互联网流的产品和服务，这些供应链构成了极为复杂和高效的技术和商业网络。没有全球治理系统，大国就会诉诸技术民族主义，只信任本地生产的产品，而从国家安全的角度将其他来源的产品排除在外。这种做法阻碍了外国投资并维持了对技术和产品的垄断。相反，应提高网络空间设备和产品的安全标准，以使全球供应链保持完整。① 各国应更加集中精力支持网络安全和网络服务，并避免以破坏全球贸易的方式拒绝外国产品和投资。它们尤其应努力实现政府间禁止在民用网络安全产品中嵌入后门和漏洞的禁令。

战略稳定是全球网络空间治理议程上的一个新的重要项目。但是，只有按照善意建议的方式不断努力，它才能成为未来网络空间秩序的基石。

在国际关系中，均势和联盟是实现战略稳定的常用手段。但在网络空间，包括网络攻防能力在内的技术实力，是决定各国战略地位的关键性因素。毫无疑问，美国是网络空间目前和今后一段时间里唯一的超级大国，美国对包括中国、俄罗斯等主要大国采取防范与遏制的政策。2015 年 12 月 31 日，普京总统签署《2020 年前俄罗斯国家安全战略》第一次明确地把美国和北约称为“威胁”和“敌人”。对此，美国五角大楼称，“美俄之间虽然有分歧，但美国并不希望与俄罗斯发生冲突，俄罗斯无须视美国为威胁”。但另一方面，美国的多份战略文件将俄罗斯视为在网络空间里的对手和潜在威胁。可见，这种战略层面的不稳定与大国间根深蒂固的互不信任，是难以在短期内消除的。

（二）国际社会越来越关注网络安全的标准与规则

俄罗斯、法国等主要大国和联合国、国际电信联盟等是这方面的代表。

1. 俄罗斯

俄罗斯入网的时间较晚，1990 年 8 月才正式接入国际互联网。起初俄

---

① National Institute of Standards and Technology, “Best Practices in Cyber Supply Chain Risk Management,” *US Resilience Project*, US Department of Commerce, https://csrc.nist.gov/CSRC/media/Projects/Supply-Chain-Risk-Management/documents/case_studies/USRP_NIST_Intel_100715.pdf.

罗斯的互联网是在没有政府监管、没有规范性法律约束的情况下自发发展的，一些涉及互联网活动与信息安全的案件仅借助于宪法，以及民刑政商等部门规范加以处置。随后，为加强国家行政与军事机关在网络安全方面的防护，俄罗斯政府开始尝试通过多种手段，打造一系列切实有效的网络安防制度，具体体现在法律规范上，即在信息、通信、互联网活动及网络安全等领域相继颁布了 40 多项联邦级法律、80 多项总统法案，以及 200 多项联邦政府法案，形成了多层立法相结合的模式，全方位涵盖国家在政治、经济、外交、军事、社会秩序等方方面面的网络安全事项。经过多年的发展与完善，俄罗斯在网络治理领域逐渐显现出庞大的运营能力，彻底扭转了以往在网络安全领域的被动落后局面。

2019 年 6 月 21 日，俄罗斯总理梅德韦杰夫在莫斯科召开的“国际网络安全大会”上呼吁就保障网络安全制订全球标准。梅德韦杰夫在发言时表示，通过互联网实施的犯罪活动“没有界限”，需要就保障网络安全制订全球标准，俄方主张在数字领域建立一个平等公正的世界秩序。梅德韦杰夫说，全球经济因网络攻击造成的损失 2019 年或将达 2.5 万亿美元，网络犯罪已成为全球主要风险之一。他呼吁各国为保障网络安全进行合作，并呼吁企业参与解决网络安全问题，不能只依靠国家力量。他表示俄方愿分享在网络安全领域的知识与经验。①

2020 年 2 月 25 日，俄罗斯外交部无任所大使、俄罗斯总统信息安全领域国际合作问题特别代表安德烈·克鲁茨基赫接受俄罗斯《生意人报》采访，② 其观点在很大程度上代表了俄政府的看法。

（1）关于联合国正在进行的 OEWG 和全球治理 E 两个进程

这两个进程的出现都是俄罗斯外交努力的结果。尽管它们在运作上有不同，但都是向着达成普遍协定的方向，重启联合国框架下谈判的努力去。OEWG 和全球治理 E 的设立是一项重要的成就，是未来进一步工作的必要条件。现实地评估目前的 OEWG 和全球治理 E 进程，二者取得的成果

---

① 《俄总理呼吁制订全球网络安全标准》，《北京青年报》2019 年 6 月 23 日，第 7 版。

② 安德烈·克鲁茨基赫曾长期担任俄罗斯在多边领域处理网络空间事务的官员，他不仅是参与以往 5 届联合国信息安全政府专家组（UN GGE）的专家成员，也是 2020 年出席联合国信息安全开放式工作组（OEWG）的俄方代表。此外，他还是俄罗斯外交部于 2019 年 12 月新设的国际信息安全司司长。

可能会是混合的；但在这一阶段，重要的是就可相互接受的基本原则达成协议，这些原则可能成为将来具有法律约束力的协议的基础。而共识不会那么快达成，因为网络空间国际法牵涉到不同国家非常敏感的国家利益，这可能需要很长一段时间制定相互接受的规则和规范。

（2）关于网络空间国际规则的形式

俄罗斯是倾向于一个有约束力的法律文件，还是会同意一些国家提出的“软法”形式的一套原则和规范？一些基于全球治理 E 专家建议的原则和规范已在联合国大会决议中阐明，但这些规则是非强制性的，从战略角度看，俄罗斯当然希望看到一项具有法律约束力的公约。但是，俄罗斯的外交应对是灵活的，也是做出了一定妥协的——将重点放在内容上，向着自愿的非约束性规范方向迈进。可见，俄罗斯没有再对协议的形式采取强硬立场。现在的主要任务是明确这一套标准及其应当如何发生作用。

（3）关于俄罗斯提议设立 OEWG 的动机

全球治理 E 存在明显的局限：一是代表性不足。全球治理 E 是由 25 名专家组成的“私人俱乐部”，使得关于网络空间问题的讨论不足以反映现有的世界政治局势。二是适格性缺陷。全球治理 E 虽然重要，但地位却相当于一个专家平台。它的运作依据联合国的规则和程序，最后只能向联合国大会提出所谓的“建议”。俄罗斯希望由各国自身做出决定，相关责任在于各国自身——各国能够做出有责任效力的政治决定，同时各国间必须达成一致，从而制定相关的决议、条约和公约。

（4）关于由美国提议的新一届全球治理 E 和由俄罗斯提议的 OEWG 之间的关系

二者是联合国的两个重要对话形式，在性质、任务和运行方式上各不相同。如果说 OEWG 是一个国家间机制，那么全球治理 E 就是网络空间关键问题的专门研究场所，这也相应地决定了二者的不同地位。与此同时，这两个机构在主席一级密切互动，并有类似的议程。事实上，二者是两个相互补充的独立机制，需要它们在不相互竞争或重复的情况下采取建设性的协调一致行动。

（5）关于 OEWG 2019 年 12 月举行的非正式磋商会议

2019 年 12 月在纽约联合国总部举行的非正式磋商会议，由各国企业、非政府组织和学界代表参加，但没有一个俄罗斯组织参加。其原因有二：

一是俄罗斯政府并没有广泛通知俄罗斯企业和非政府组织的代表；二是美国严格的签证政策使得这一部分人无法按时获得签证，影响了俄罗斯代表的参与。

（6）关于打击网络犯罪

俄罗斯无意将《网络犯罪公约》取而代之，而是会在考虑已证明有效的现有工具和经证实的解决办法的基础上制定一项全球性公约，因此，不排斥将《网络犯罪公约》中的某些条款纳入全球性公约中。俄罗斯为什么不选择加入《网络犯罪公约》，而是选择制定打击网络犯罪的全球性公约？主要是基于5个理由：一是《网络犯罪公约》不是一个普遍性公约，是打击网络犯罪的区域性文件。因此，俄罗斯和其他一些国家在联合国内呼吁制定“打击网络犯罪全球性公约”。二是《网络犯罪公约》的一些内容已经过时，其制定时许多类型的网络威胁尚未出现。尽管其后它试图以相关附加议定书的形式解决这一问题，也远未将新出现的网络犯罪类型载入。三是《网络犯罪公约》中某些条款威胁国家主权并侵犯基本人权和自由。四是《网络犯罪公约》未纳入“或起诉或引渡”基本原则。最后，目前已有联合国设立特别委员会制定《联合国反腐败公约》和《联合国打击跨国有组织犯罪公约》的成功实践。基于此，俄罗斯在第74届联合国大会上提出“打击为犯罪目的使用信息通信技术”的决议，并以多数票获得79个国家支持通过（其中共同提案国有47个），这反映了国际社会在制定打击网络犯罪的普遍性公约方面的高度需要。

2. 法国

2019年9月，法国国防部发布了题为《适用于网络空间行动的国际法》（Droit International Appliqué aux Opérations dans le Cyberspace）的声明，这是法国第一次系统阐述自己对适用于网络空间行动的国际法的立场。此前，尽管有美国国务院法律顾问高洪柱、爱沙尼亚总统、英国总检察长等发表过本国关于网络空间行动的国际法的看法，但法国国防部的这份声明十分详细，共有18页，因此被认为是第一份系统阐述本国对适用于网络空间行动的国际法声明的国家，受到国际法学界，尤其是国际网络法学界和国际人道法学界的广泛关注。法国的这一声明主要由两个部分构成：第一部分关于“和平时期针对法国的网络空间行动”，这个部分共有三个立场：第一，法国保留对针对法国实施的违反国际法的任何网络行动采取反应的权利；第二，法国有权对法国造成重大伤害和具有严重性的网络空间行动采取自卫权；第三，确定某个网络空间行动是否是国家实施的行动，是一项国家的政策决策。第二部分关于“武装冲突时适用于网络空间的国际法”，这个部分共有三个立场：第一，网络空间行动有可能构成武装冲突；第二，国际人道法适用于所有在武装冲突情况下开展并与该冲突有关的网络空间行动；第三，中立法适用于网络空间。

（1）关于网络主权

法国的声明认为，由另一国行使政府权力要素的机关、个人或实体发起的，或由受另一国指示、指挥或控制的个人或实体发起的，对法国网络基础设施的敌对网络行动或在法国领土上造成“效果”（effect）的行动，是侵犯法国主权的行为。这些归责标准引自《国家对国际不法行为的责任条款》第四条、第五条和第八条。

尽管法国明确反对“只有造成物理效果的网络行动才算是对主权的侵犯”这一说法，但法国也不清楚这种“效果”（effect）要达到何种程度，才能构成对主权的侵犯。

（2）关于干涉

根据国际法院的判决，干涉是一国采取的足以影响他国的保留领域（domaine réservé）——国际法留给国家的活动区域——的强制行为，例如操纵选举结果或选举机制。法国立场文件通过引用国际法院“尼加拉瓜案”的判决，表明如果数字干扰有可能影响法国的政治、经济或社会体系，那么这种对法国内部或外部事务的数字干扰就是被禁止的。特别值得注意的是，它突出强调了军事和经济安全也受到禁止干涉原则的保护。

虽然该立场文件没有提到强迫（coercion），但法国假定这种干涉是有强制性的，因为该文件直接引用了有权威解释意义的“尼加拉瓜案”的判决。没有任何国家反对在网络环境下适用禁止干涉原则的做法，这一观点也出现在2015年联合国“从国际安全的角度来看信息和电信领域的发展”议题的政府专家小组的报告中。

（3）关于审慎义务（due diligence）

法国在该问题上有明确的观点。法国的声明声称，一国未能遵守审慎义务的行为构成国际不法行为，并且他国可以采取反措施。这种不法行为是一国未能制止来自国家或非国家行为体在本国领土上实施的侵犯另一国主权的行为。

(4) 关于使用武力与自卫

法国的声明完全采用了《塔林手册》2.0 提供的方法，即反对将损害（damage）作为判断网络行动违法的必要条件（requirement），强调在确定非破坏性网络行动是否使用武力时应考虑的因素，并强调这些因素并不是详尽无遗的。报告列举了敌对行动发生时的主要情况、其来源、实际造成或意图造成的影响、入侵的程度和目标的性质。它还提供了以下使用武力的例子：第一，渗透到军事系统并削弱法国防御能力的行动。第二，资助和培训对法国进行网络攻击的团体。后一个例子取自国际法院“尼加拉瓜案”的判决，即武装和训练武装团体是使用武力的表现形式。

法国的声明大胆阐明了自己关于对网络空间行动进行自卫立场。这其中最值得关注的是，法国认为，在网络中使用武力（a cyber use of force）是一种武力攻击，因此受害国也有权进行自卫。根据法国的解释，武装攻击包括造成重大生命损失或重大物理（physical）或经济损害的网络行动，例如，对关键基础设施造成重大后果的网络攻击，瘫痪整个国家活动部门的网络行动，以及造成技术或生态灾难的网络行动。但尤其重要的是，法国在该问题上不要求物理损害或伤害，这可能预示着各国除关注网络行动后果的性质外（是否有损害），还关注后果的严重性。

法国反对美国的立场，即所有使用武力的行为都是武装攻击，并且允许在自卫中采取武力反击（forceful response）。相反，它采取了“尼加拉瓜案”判决中的立场，即武装攻击是使用武力“最严重”的形式，这是绝大多数国家和学者所采用的一种观点。法国的立场文件表明，那些有限的、可逆的和尚未达到必要的严重程度的网络行动，不构成武装攻击。

同样，与美国的观点和大多数《塔林手册》2.0 国际专家小组所采纳的观点相反，法国反对对非国家行为者可以进行网络武装攻击，除非这些攻击行为由于在另一国的指示、指挥或控制下进行，因而可归咎于另一国。

法国的另一立场，即反对将自卫权扩大到非国家行为者，采纳了国际法院在“刚果境内军事行动案”的判决和“隔离墙案”咨询意见中提出的观点。该立场文件确实认为，在“例外”情况下，可以对“伊斯兰国”等所谓的“准国家”的武装攻击进行自卫。并且，对非国家行为者行使的自卫权不是一种普遍的权利，而是一种特例。

此外，法国对武装攻击的判断采取了“累积效应”的方法：虽然个别攻击未达到武装攻击的门槛，但若同一攻击者进行多次武装攻击，或者不同攻击者联合进行多次武装攻击，都可能被认为是武装攻击。法国还接受在即将发生的武装攻击前首先行使自卫权的观点，但否认预防性自卫的概念。预防性自卫发生在以下情况中：防御行动所针对的国家缺乏发动攻击的能力、不打算发动攻击、或攻击不是“紧迫的”。

最后，法国反对“不愿意或不能够”的自卫方法，即允许受害国在另一国领土上进行军事行动，即使该国可能并不需要承担武装攻击的责任。

（5）其他值得关注的问题

法国的立场文件中多次提到，当发生违反国际法的网络敌对行为时，受害国有权采取反措施，其中最典型的措施就是反击黑客（hack back）。

考虑到法国在北约联盟中的核心地位及其在欧洲安全事务中的关键作用，法国反对爱沙尼亚总统卡留莱德的观点，即当受害国没有能力对非法网络行动进行反击时，允许另一国代表受害国采取反措施。法国还反对使用武力进行反措施（forceful countermeasures）；还反对在采取反措施之前通知应对国的绝对义务。除了有可能以反措施对未达到武装攻击水平的敌对网络行动作出反应外，法国还将“必要性抗辩”（plea of necessity）作为对敌对网络行动作出反应的国际法依据。

最后，法国拒绝接受如下建议，即法国必须公开其将网络行动归因于另一国所依据的证据。然而，法国在2015年政府专家小组报告中支持一项不具约束力的任意性规范（a voluntary non - binding norm），即在可能的情况下，国家一般应公开相关信息。

3. 联合国

2019年联合国层面经历了一场重大变化，关于网络问题的讨论平台将“三足鼎立”。以往联合国大会只有一个对网络安全问题进行讨论的进程——信息安全政府专家组（全球治理E），但2020年，联合国大会已经或即将启动三个网络相关进程——信息安全政府专家组、开放式工作组（OEWG）和网络犯罪开放式政府间专家委员会。此外，还有一些网络问题的讨论则由互联网治理论坛（IGF）和数字合作高级别小组（UN HLP-DC）发布报告后的后续进程承担。这反映了联合国会员国日益增长的关注，以及关于网络安全问题的对话从其他联合国机构和地点转移到纽约的联合国总部来的一贯趋向。OEWG 正在讨论一个问题——关键互联网资源，让 ICANN 看到了自己在未来可能大有作为的空间。

2019 年 9 月 9—13 日，OEWG 第一次实质性会议成功召开，其间，中国提交一份关于关键互联网资源的分配和管理内容的书面材料。这可能体现出，ICANN 对中国提出的平等参与互联网资源管理和分配的诉求，及其中“互联网根服务器等关键互联网资源的管理机构不应由任何政府控制”一说的关切。12 月 2—4 日，闭会期间多利益攸关方非正式磋商会议召开，这为其今后的工作奠定了重要的基调。2020 年 2 月 10—14 日召开第二次实质性会议，在此基础上继续细致地讨论了 OEWG 的六大议题。至第二次实质性会议召开之时，OEWG 的“开放性”“包容性”和“透明性”特点已充分展现。其面向所有联合国会员国，在闭会期间举办邀请各方（包括工业界、非政府组织和学术界）参加磋商会议的模式，是一次大胆的尝试。相关发言过程也公开透明，有迹可循。在 OEWG 多利益攸关方磋商会议中尝到“甜头”的澳大利亚、加拿大、挪威、芬兰、德国、爱尔兰和日本等国，则纠结于那些“非经社理事会认可的组织”无法参加实质性会议，认为从 2019 年 12 月闭会期间会议上可见，这些组织的参加是有益的。总的来说，在第二次实质性会议结束之时，正如俄罗斯代表所言，OEWG“充满普遍乐观的情绪”。

（1）关于信息安全领域的现有和潜在威胁

各国首先对关键基础设施的重要性达成了一定的共识。各国一致认为，对信息和通信技术（ICT）的恶意使用，可能对关键基础设施造成潜在损害，特别是在一个日益相互依存和数字化的社会，保护关键基础设施至关重要。在此基础上，菲律宾表达了对关键基础设施的范围和认定的关注。荷兰和新加坡进一步提出关键基础设施的概念不受限于国家边界的观点，后者甚至提出“超国家关键基础设施”这一概念。包括中国在内的广大国家普遍认同，技术威胁伴随技术发展并行，此类技术威胁包括物联网、人工智能、大数据、量子计算、供应链完整性和区块链等。包括美国、英国在内的西方国家阵营则提出“技术中立”观点，以一种技术中立的方式应对网络空间现有和正在出现的威胁。这些国家强调，对国际和平与安全构成威胁的不是技术本身，而是技术的使用方式。

（2）关于网络空间负责任国家行为的规范、规则和原则

是讨论2015年全球治理E报告中已有规范，还是探索新规范？代表之间有明显的两极分化：一派强调，应讨论2015年全球治理E报告中已有规范的执行和可操作化问题。如澳大利亚代表认为在现有规范和可能的新规范之间，应优先讨论现有框架的执行；加拿大代表认为目前的规范没有得到广泛遵守。另一派则认为，现有规范不足以应对当前的网络环境。这些国家的代表失望于前一派国家没有打算确立新的规范，主张以现有的规范为基础，并在必要时探索更多的规范。他们指出，OEWG承担着发展“规范、规则和原则”来引导国家行为的任务，现实世界没有停留在2015年联合国全球治理E工作报告的那个阶段——网络空间正在迅速发展，需要创制新的规范。

本次会议讨论了以下认为值得OEWG考虑的新规范：有关保护关键基础设施——保护互联网的公共核心和选举基础设施；禁止将信息通信技术武器化和用于进攻性用途，以及应对内容威胁。此外，俄罗斯和中国提出，将《信息安全国际行为准则》中的若干规范纳入其中。值得一提的是，包括中国、伊朗在内的发展中国家重申，不应发展进攻性网络能力，以避免网络空间军事化。伊朗代表甚至提议，将这条作为OEWG报告中的一条新规范。澳大利亚、英国等西方国家阵营则以“许多国家已经在发展进攻性网络能力”且“无法阻止其发生”为由，认为只要对其能力和意图保持透明、符合国际法，国家就有权发展“进攻性网络能力”。

（3）关于国际法在网络空间的适用

在各国关于“国际法和《联合国宪章》适用于网络空间”认识基础上，俄罗斯代表的观点相当鲜明，实际上是对适用于网络空间的国际法的范围和内容提出精确表述的要求。俄罗斯代表提出：需要进一步明确适用于网络空间的国际法，并且需要制定新的国际法。围绕是否需要一份有约束力的法律文书来规制和调整国家在网络空间中的行为，依旧分为两大阵营：赞成派认为，“自愿性规范”不足以确保各国在网络空间采取负责任的行为，而具有拘束力的法律文书能够提供“利齿”；以西方阵营为主的反对派则认为，联合国全球治理E报告中商定的自愿性规范与具有拘束力的国际法并存，二者性质不同，前者并不能取代后者，实则将网络空间新规则的表现形式限定于软法性质的“自愿性规范”。与此同时，在围绕国

际人道法在网络空间的适用问题上，也一如既往分为两大阵营。此外，网络空间国家主权、主权平等和不干涉原则在更多国家中引起共鸣。

（4）关于建设信任措施

各国代表在第一次实质性会议的基础上，就建设信任措施的具体方案和细节问题各抒己见，例如建立一个现有信任措施和最佳实践的全球资源库、定期报告和信息分享，建立全球联络点清单，发挥多利益攸关方的相应作用等。

（5）关于能力建设

第二次实质性会议进行了更为层次分明的讨论；一些国家也提出了其关于能力建设的原则。从各国代表的发言可以看出，由于对能力建设的需求各有侧重，不同国家的认识宽窄有别，从网络技术能力，到网络政策能力，再到网络外交能力，甚至到适用国际法的能力不等。

（6）关于定期机构对话

大多数代表对 OEWG 创造的包容性政府间对话机会表示了欢迎，但关于对话机制的目的、形式以及如何或者何时做出决定的观点不一。俄罗斯代表基于 OEWG 在组织形式上有明显优势和参会代表普遍的乐观氛围，希望 OEWG 在最后报告中建议联大将任务期限延长至两年以上。而美国代表等则认为，未来是否构建对话平台还需要考虑全球治理 E 正在进行的工作。德国代表指出，OEWG 一个巨大成功的地方是举办了闭会期间多方利益攸关方磋商会议，并认为这将是任何新任务中都应包括的部分。

尽管 OEWG 舞台上有相当一部分国家在尽情施展“才思”，作为这一舞台“台柱子”，俄罗斯的观点值得留意——它在关于信息安全领域的现有和潜在威胁的讨论中曾展望 OEWG 工作，希望其保持专注，拿出解决方案和切实可行的步骤，而避免陷入抽象或理论化的讨论中。需要注意的是，并非所有国家都像以往一些国家那样长期参与这些问题的讨论，例如往届联合国全球治理 E 的讨论议题和成果有相当一部分反映其关切，也并非所有国家都了解联合国关于网络空间这一主题的已有对话的动态过程和演变。因此，随着 OEWG 面向所有会员国开放，新的问题、新的优先讨论事项也有可能出现。从会议发言可知，不同国家的认识水平、关注点大相径庭。

当然，另一种极端情形也可能出现，那就是“选边站队”，甚至“拉帮结派”，在更多国家间催化了阵营化甚至极化。不过，鉴于这一情况无可避免，OEWG 或许提供了一个国家间相互试探、观点交换，甚至矛盾集体抒发的平台，相关国家对网络空间认识的可视化、透明化或许可以增加网空活动的可预测性。还有一个趋势则是，不管 OEWG 的报告最终是否能够达成共识，其开放性、包容性和透明性对于促进国际社会关于网络空间问题的讨论和认识无疑是有益的。OEWG 开启的新局面可以期待。

此外，国际社会还关注网络安全领域的国际信任建设机制、网络攻击的指控与争端解决机制和网络安全漏洞、网络安全威胁信息的国际交流、通报机制的建设等问题。

第三部分

全球治理的分水岭：新冠肺炎疫情与后 2020 年的世界

当今世界正处于百年未有之大变局。新一轮科技革命和产业变革深入发展，国际力量对比深刻调整，国际环境日趋复杂，不稳定不确定性明显增加；2020年是二战结束及联合国成立75周年，新冠肺炎疫情大流行突如其来，百年未有之大变局加速演进；疫情是检验各国治理能力的试金石；全球战疫加剧国际格局“东升西降”“中进美退”，美、欧、日等主要经济体经济全面下滑，只有中国实现2.3%的正增长；全球化遭遇逆流，大国博弈激烈复杂，全球治理备受考验，地区热点有增无减，政治思潮相互激荡。

新冠肺炎疫情影响广泛深远，加速了百年未有之大变局的演进。世界进入动荡变革期，单边主义、保护主义、霸权主义对世界和平与发展构成威胁。2021年，国际经济金融形势更为复杂严峻，包括美联储在内的世界各国货币政策面临转向，开年以来美债收益率长短期走势分化，美油暴涨，美股波动加剧，美元加速贬值；在防范经济金融风险的同时，地缘政治风险、气候变化等问题对世界经济的发展也产生不利影响。

百年未有之大变局，首先体现在世界力量平衡的变化，即以中国为代表的发展中国家和新兴市场经济体力量在不断上升，以美国为代表的西方国家国内矛盾恶化、力量相对下降，在世界经济的占比在下降。这一升一降带来的经济力量变化，以及中国在科学技术方面的追赶，引发部分西方国家的焦虑，甚至产生误判和战略打压的冲动，导致地缘政治冲突升温、文明隔阂加深。

其次，以军事冲突、战争和武力解决为主要手段的传统安全威胁与气候变化、传染病跨境流行、能源和粮食危机等非传统安全威胁叠加，构成空前的全球性挑战。此外，科学技术革命也进入新的飞跃阶段。这都是当前变局的一些重要特点。

与此同时，全球性挑战来势凶猛，使得全球治理体系大大失效，贸易保护主义，包括美国的“退群”行为，使得大国之间的合作精神有所欠缺。

在这种大变局之下，国际社会需要面对气候变化、新冠肺炎病毒、网络安全等诸多国际性挑战，各国只有共同应对才有出路，全球性挑战需要全球共同来商讨解决办法；各国也面临诸多国内问题，应该聚焦于国内问题，下大决心，下大力气，深化国内改革，而不是遇到问题时就“甩锅”

他人。如果各国都少点不公平的抱怨，多点脚踏实地，拿出勇气和决断，联手共克时艰，相信全球秩序演进能少点波动和波折。

纵观人类历史，世界发展从来都是各种矛盾相互交织、相互作用的综合结果。古语云，“不谋万世者，不足谋一时；不谋全局者，不足谋一域”。当今世界正处于百年未有之大变局，全球格局重新调整，在百年未有之大变局面前，中国要把握好历史发展大趋势与大格局，做出正确判断和反应。因为世界多极化、经济全球化这几十年的迅猛发展使世界经济力量对比发生重大变化，发展中国家和新兴经济体整体力量上升，缩小了与发达国家的差距，尤其是中国的发展及其独特的发展道路创造了历史奇迹。

21世纪以来，一大批新兴市场国家和发展中国家快速发展，世界多极化加速发展，国际格局日趋均衡，国际潮流大势不可逆转。从中国共产党的十九大到党的二十大，是实现“两个一百年”奋斗目标的历史交汇期，在中华民族伟大复兴历史进程中具有特殊重大意义。

中国为全球抗疫做出的贡献有目共睹。大国之间需要进一步发扬合作精神，全球性挑战需要全球共同来商讨解决方法。“十四五”计划期间，全球性挑战将仍然存在，全球治理体系失效，贸易保护主义、单边主义、包括美国近期的“退群”行为，将使得大国之间的合作仍难以达到预想的效果，周边地区亦然。这就需要中国继续花大力气经营周边，精耕细作，综合运用软硬实力，统筹政治、经济、安全与各领域的政策，从而确保周边地区的和平与稳定。中国在发展本国经济的同时，一定要注意对外来风险的防范，同时秉持同舟共济的精神应对全球性挑战，并通过加强国际合作来重构全球治理体系。

习近平指出：“我国处于近代以来最好的发展时期，世界处于百年未有之大变局，两者同步交织、相互激荡。”从全球大势看，国际力量“东升西降”态势加速演变，以中国为代表的新兴经济体不仅改变国际经济秩序，在国际政治格局演进中也散发出巨大能量。相比较而言，西方霸权的衰落在持续，战略版图的碎片化特征更加明显。美国和西方面临疫情引发的新动荡新挑战，不如将安全的关注点真正聚焦到生命的最高价值之上，把与他国的平等合作、互助共赢作为“止损”的基本路径。

战后国际社会在多边主义基本秩序框架下曲折前进，发展到今天，爱好和平与发展的力量更强，加强国际合作的需求更迫切，大国只有真正担当起负责任的角色，才能更有效地向世界提供公共产品，为自己、为人类塑造和平稳定的发展环境。

第七章 “百年未有之大变局”的新时代

2020 年是联合国成立和战后国际秩序确立 75 周年，百年未有之大疫情与百年未有之大变局相互激荡。“变而未定”是世界百年未有之大变局的重要特征。

第一节 两条主线

新冠肺炎疫情肆虐与大国角力叠加，多边体系持续承压，疫情不会导致全球化终结，但是，经济全球化会导致各国之间权利的重构，这一点大家看得很清楚。所谓“百年未有之大变局”就是权利的重构；中美战略竞争牵动大国关系，中美博弈空前加剧，构成近几年国际格局演变的两条主线。两条主线相互交织、相互缠斗，使得世界局势格外复杂、动荡。

百年未有之大变局，“变”在何处？变就变在前所未有、百年罕见；变就变在推陈出新、大破大立。所谓百年大变局，就是指当前国际格局和国际体系正在发生前所未有的变化，国际力量对比正在发生前所未有的位移，全球治理体系正在发生前所未有的嬗变。百年大变局最典型的表征就是，世界经济重心的“东升西降”，世界权力重心的“南增北减”。中国的迅速和平崛起无疑是导致百年大变局的最大变量。以中国为代表的新兴市场国家和发展中国家整体实力不断增强，预示国际力量对比正在从量变向质变飞跃，朝着更加平衡对称的方向发展。通过金砖国家组织和 G20 等全球新兴治理平台，新兴国家和发展中国家参与全球治理的兴趣与话语权明显增加，推动全球治理体系朝向更加民主、公正、合理的方向发展。新兴国家群体性崛起，推动世界文明各美其美、美美与共，朝向更加开放、包容、多元、互鉴的方向发展。中国的崛起及新兴国家群体性崛起既构成百年大变局的一部分，又是导致百年大变局的重要动因。此外，新一轮科技革命和产业变革也在重塑世界，亦成为百年大变局的重要变量。

中美空前博弈则是当前国际政治演进的另一条主线。身处变局之中，自身又是变局的重要变量，决定了中美战略竞争将可能比以往的大国博弈更加复杂。

由于国际格局、国际体系、地缘政治等方面面临深刻调整，中美两个关键国家之间的竞争势必非常激烈。

身处变局之中，自身又是变局的重要变量，决定了中美战略竞争将可能比以往的大国博弈更加复杂。

从中美关系自身的发展历程看，当前中美关系处在一个新的历史节点。若以 1949 年中华人民共和国成立为起点，中美关系走过 70 年的风雨历程。过去的 70 年以 1979 年中美正式建交为界，大致可分为建交前 30 年和建交后 40 年。从现在起至 2049 年中华人民共和国成立 100 周年，亦即中国第二个“一百年目标”实现的那年，正好 30 年。当前中美关系正处在未来 30 年的起点上。未来 30 年的中美关系何去何从，当前是一个十字路口。

至少从 20 世纪 70 年代末开始，美国对华政策的一个中心内容是把中国纳入美国主导的全球治理体系。即在维护美国全球霸权的前提下，接受和推动中国的繁荣、民主，并鼓励中国为全球的和平与发展做出贡献。但随着中国经济实力与美国的差距不断缩小、世界经济重心日益向亚洲转移，以及近年来中国在外交和周边政策上的“咄咄逼人”，美国有不少政客和学者都担心中美关系会重蹈“修昔底德陷阱”，即霸权国与新兴大国之间存在必然的结构性冲突，最容易引发体系性战争。本来，“修昔底德陷阱”不是必然存在的，但如果当事国都有这样的思维定式，就会成为一个“自我实现的预言”。

自 2017 年特朗普执政后，美国政府在全球化相关问题上实行大规模倒退的政策，“去全球化”“脱钩”态势明显。而特朗普政府执政期间对华的一系列极端举措，更是把中美关系推向危险的边缘。

疫情之前，中美博弈已经开始，从贸易战到科技战、金融战，从地缘政治博弈到涉台、涉港、涉疆、涉藏斗争，从意识形态对立到鼓吹脱钩。新冠肺炎疫情本应成为中美关系的调和剂、减压阀，但没有料到竟成为加剧中美博弈的催化剂和加速器。

特朗普政府原本已将中国定位为最大的战略竞争对手，疫情暴发后，受国内政经因素的影响，为确保赢得连任，不断对华“甩锅”，散布“中国病毒论”“中国赔偿论”“中国脱钩论”，以转移对其抗疫不力的指责，并动用全政府力量抹黑打压中国。结果，严重的疫情加上激烈的选情，极大地恶化了中美关系的氛围，削弱了美国的友华力量。中美关系出现了1979年建交以来最严重的对抗。尤其特朗普还强压欧、日、澳盟友选边站，利诱拉拢巴西和印度，甚至试图“联俄抗华”。一时间，国际主要力量加速分化组合，出现了既挺美又友华、既竞争又合作，既合纵又连横的现象。中美博弈短期看是贸易战，中期看是老大之争，长远看则是两种制度之争。从这种意义上说，中美博弈将可能伴随国际格局演变的全过程，并成为决定国际格局演变最重要的变量。

面对中国加速崛起，美国不断强化“大国竞争”，着力打压中国，全方位升级对华战略遏制。特朗普政府抛出“对华战略方针”，详述其“全政府”对华战略，提出“以实力求和平、强化本土防护、促进美国繁荣及提升美影响力”的对华总路线。在高科技上，加紧与中国的“选择性脱钩”。美国国务卿到处抹黑中国，施压盟友禁用华为设备；美国商务部将多家中企、机构、院校和个人列入贸易管控“实体清单”；美国众议院成立“中国工作小组”，围绕“与中国战略竞争的关键领域”制定立法，以“确保美科技保持领先”。在政治上，公开诬蔑中国政治制度和内外政策。攻击中国制定香港“国安法”，出台所谓的“2020年维吾尔人权政策法案”，炒作民族宗教和人权议题，一再干涉中国内政。在中国周边，美国推进“印太战略”机制化、实体化，重点拉拢印度，深化美、日、印、澳四国安全合作，加紧勾联台湾当局，企图围堵中国。

在世界百年未有之大变局背景下，由于国际格局、国际体系、地缘政治等方面正面临深刻调整，中美两个关键国家之间的竞争势必非常激烈。中美之间的竞争“在利益目标上具有重大性、在时间上具有长期性、在范围上具有全面性、在影响上具有全局性”。当前，战略竞争已成为中美关系的突出特征。从横向上看，这是世界百年未有之大变局背景下大国博弈的重要体现；从纵向上看，这也是中美关系发展到一定历史阶段的产物。在纵横交错的时空背景下，美国大选等周期性因素与新冠肺炎疫情等突发性因素叠加影响，使得中美战略竞争更加凸显。

另一方面，中美竞争成为影响当今大国关系走向的一条主线，牵动着国际主要力量的战略选择和合纵连横，推动国际格局进一步嬗变，两个大三角博弈据此展开。中美欧大三角经历深刻调整，欧盟力求在中美之间保持战略平衡，以增强战略自主性。一方面，中欧关系机遇与挑战并存，双方成功举办中欧特别峰会，抗疫、经贸与应对气候变化等成为彼此合作亮点，但在价值观与地区热点问题上分歧犹存；另一方面，美欧裂痕持续扩大，特朗普的单边主义导致双方离心离德，彼此在维护全球自由贸易、应对气候变化与解决伊核等诸多问题上矛盾加大。中美俄大三角呈现中俄不断走近、美俄渐行渐远之势。一方面，中俄全面战略协作不断走深走实，普京总统在瓦尔代国际辩论俱乐部会议上的讲话再次宣示将进一步加强中俄互信互助；另一方面，美对俄制裁不断升级，彼此矛盾和战略竞争进一步加剧，双方在军控、伊核、叙利亚、利比亚等地区热点问题上针锋相对，美国大选后的对俄关系更趋复杂。

当然，我们也应该清醒认识到，百年大疫情和百年大变局仍是正在进行时，尚处于演进当中，疫情尚未结束，变局尚未定型。世界力量对比、国际格局演变、国际秩序重塑仍未发生颠覆性、革命性变化。美西方仍占据经济、科技、军事等方面的优势，资本主义制度仍具有顽强的生命力，资本主义与社会主义两种制度、两种道路的较量也将是长期的、复杂的，决不可能一蹴而就。

第二节　多边主义与国际机制备受冲击

2021 年，世界在新冠肺炎疫情之下步入动荡变革期，百年大变局加速演进，大国力量对比加速调整，全球性挑战呼唤全球治理，全球战疫打造多极新格局，美国新政府催生大国新互动，多个地区动荡不定，中国外交引领“后疫情时代”。

一、“美国优先”挑战多边秩序

作为最大的发达国家，同时也是联合国的创始会员国和最大捐助国，美国理应发挥重要建设性作用。然而，面对新冠大疫情，特朗普政府置多边主义和大国协调于不顾，对国际抗疫合作态度消极，致使联合国与世卫组织等多边体系深陷困境。

美国“毁约”“退群”不断，严重侵蚀全球治理共识和基础。联合国统计显示，截至2021年9月30日，美国已拖欠联合国会费10.9亿美元，拖欠维和预算摊款13.88亿美元，是全球“第一欠费大户”。更为恶劣的是，在全球抗击新冠肺炎疫情的关键时刻，特朗普政府为一己之私悍然退出世卫组织，严重破坏全球公共卫生治理。作为世卫组织的最大资助国，美国承担的会费与捐款占比高达22%，其“断供”之举严重影响世卫组织的运转，危及全球公共卫生安全。美国还拒不参加世卫组织为加快疫苗研发生产而提出的国际合作倡议，拼凑所谓“印太抗疫对话机制”小圈子，加大全球卫生治理体系分裂的风险。此外，11月4日美国退出《巴黎协定》，成为近200个缔约方中，唯一退出该协定的国家。

美国还将联合国等多边机构政治化、工具化，企图借此打压中俄等新兴大国。美国滥用安理会常任理事国的否决权，否决多份涉叙（利亚）、委（内瑞拉）议案，致使热点问题久拖不决。美将对华竞争置于多边场合，不断在安理会、人权理事会炒作涉台、涉疆、涉藏等议题。美国国务院竟然以国际刑事法院调查美国在阿富汗所犯战争罪和反人类罪为由，宣布制裁其首席检察官和部门负责人，遭到国际社会普遍谴责。特朗普政府把联合国当成服务其国内政治的演出场和挑起国际对立的角斗场，堪称对多边主义的最大威胁。

二、全球治理赤字空前严重

“全球治理”兴盛于冷战结束以后，一批有识之士试图推动人类超过国家、种族、宗教、意识形态，维护国际社会的正常秩序，在现有的国家体系、国际机制与全球规则基础上，解决诸多跨国性的人类难题。应该说，全球治理曾取得过巨大成就。但为何2020年却变得如此不堪一击呢?这场疫情远远超过人们当初的想象是首要原因。新冠肺炎疫情刚发生时，多数中国人都以为又是一场“非典”。现在再对照，在2003年全球仅9000多人感染“非典”，感染新冠肺炎的人已超过“非典”的6000倍，且还在扩大。人类低估传染病危害，并为此付出了巨大代价。付出代价最大的是以自由主义价值观念为社会基石的欧美国家。新冠肺炎疫情肆虐了近一年，没想到欧美还有那么多人以自由为名，拒绝戴口罩。维护自由，在社会繁荣时尤其可贵；但在危机时，人人都应有牺牲自由的责任与义务。作为全球治理长期主导者的欧美国家抗疫不力，直接导致新兴国家、发展中国家群龙无首。

大国合作乏善可陈，多边主义遭遇强劲“逆风”。在抗疫问题上，不少国家自扫门前雪，但求自保，美欧之间、欧盟内部国家之间争抢抗疫物资，美国更是极力对外“甩锅”，一味中伤他国。在全球经济治理上，国际经贸机制失灵风险加剧。受疫情影响，主要大国保护主义倾向明显抬头，全球贸易增速出现自2008年金融危机以来的最大降幅，贸易争端较2019年增加一成以上。与此同时，美国持续阻挠世贸组织（WTO）上诉机构法官遴选，令其争端解决机制濒临瘫痪。继续炒作新兴大国享有“特殊和差别待遇”的议题，要求减少甚至取消对新兴大国的“照顾性措施”。在多边军控问题上，多国宣布组建“太空军”，加速研制新型武器。美国退出《中导条约》后欲在多国部署中程和中短程导弹。美俄间仅存的《新削减战略武器条约》即将于2021年2月到期，美国企图将美俄双边谈判扩大化以牵制第三国。

联合国“再出发”力不从心。联合国成立75周年本应成为多边主义和全球治理的大年，但在大国战略竞争、新冠肺炎疫情等冲击下，全球治理体系捉襟见肘、困境加深。联合国成立75年以来，在解决地区冲突、维护国际和平、促进可持续发展等领域发挥了不可替代的积极作用。但随着世界政经格局调整，大国协调与多边合作难度倍增，致使当前联合国面临被边缘化、工具化的危险。第75届联大虽然力推国际合作与多边议程，但举步维艰。《2030可持续发展议程》严重受挫，联合国开发计划署发布《新冠疫情与人类发展：评估危机与展望复苏》报告称，2020年全球人类发展可能出现30年来首次减缓。古特雷斯秘书长亦指新冠肺炎疫情加剧了国家间的不平等，或使可持续发展进程倒退数年甚至数十年。在此情况下，联合国的效能与权威性备受质疑，日、德、印、巴等“争常”四国公开致信联合国，指责安理会的现有机制安排“已经过时”，要求安理会改革“采取切实行动”。

全球治理已休克，复苏并不容易。一是以美国为领导的全球治理惯性与行为传统的彻底失势。新冠肺炎疫情是一战以来第一次美国没有担当国际领导的全球危机。从一战、1929年全球大萧条、二战、20世纪70年代石油危机、冷战、20世纪90年代中东危机，再到2008年国际金融危机，美国一直充当或处在主导国家的位置。但这一次全球公共卫生危机，美国非但领导不了世界抗疫，连自身也难保。特朗普政府在中国发生疫情时隔岸观火，落井下石；而在面对本国疫情时又盲目自信，无视科学，给美国人民带来巨大灾难。

二是以联合国、WTO、WHO为代表的全球治理主要机制的严重失灵。联合国官员非常努力，但坦率地说，一向以促成大国一致为目标的联合国，这一次完全失去了号召力，国际道德优势空前衰弱。面对国际贸易大衰退，WTO改革与应对严重失常。WHO一直冲在最前沿，但由于美国退出，国际抗疫的联合效果大打折扣。

三是以G20、G7为代表的全球危机应对大国协调机制极度失位。大国之间在危机时期的协调，在20世纪70年代石油危机、20世纪90年代中东危机、1997年亚洲金融危机、2008年国际金融危机中都发挥了巨大作用。但这一次疫情使G7国家受到重创，至今仍困于更严重的第二波疫情中。G20峰会领导人曾有会晤，但G20峰会在主题聚焦、决议执行上仍存在着严重的分歧。人类在百年一遇大疫情的冲击下，至今没有抱团。

四是以IMF、世界银行为代表的国际财政货币协调机制全面失措。人类历史处于二战以来最严重的负增长中，本应该齐心协力共同复苏。可惜欧美国家量化宽松，实行零利率甚至负利率，变相打响国际货币战、汇率战。尤其是美国无限量宽的货币政策短短半年间超发近3万亿美元货币，造成国际金融市场的剧烈动荡，无异于雪上加霜。当前国际体系存在严重的治理赤字。疫情冲击下，治理赤字在加大，如同外力重击孱弱的全球治理，令后者直接出现休克。

三、大疫情加深大变局

疫情使国际战略格局的重构明显加快。美国前国务卿基辛格指出，新冠肺炎疫情大流行将永远改变世界秩序，“世界将不再是原来的样子”，疫情已奏响了冷战后时代的“终曲”。

世界地缘格局“东升西降”势不可当，国际权力重心自西向东加速转移。东亚抗疫整体成效大幅领先欧美，中国高效抗疫举世瞩目，中、日、韩以及东南亚国家经济率先重启，社会秩序基本恢复正常；与之相反，欧美疫情反复不已，政府管控不力，社会怨气加重，软硬实力受损。

世界经济与全球化格局深度重塑。新冠肺炎疫情打断资本、人员、货物等全球配置，迫使传统的全球化更新换代，冷战后建立在新自由主义基础上的全球化模式已走到尽头。各国普遍将“国家安全”置于更优先位置，加速调整产业链、供应链、价值链，全球化更多转向区域化甚至本地化。

国际安全格局凸显非传统安全挑战。新冠肺炎病毒横空出世、横扫欧美等国，彰显跨国非传统安全威胁能量惊人。美国智库欧亚集团总裁布雷默指出，经此一疫，国家安全与软实力的内涵已发生改变，各国将不得不修正长期以传统军事政治安全为主的国家安全优先事项。

四、多极新格局露出轮廓

新冠肺炎疫情深度测试各国综合国力，包括其制度效率、治理能力和国际道义等软实力，世界四大主要力量“战疫”表现不尽相同，此消彼长更加明显，“多极化”由此跨入多极格局的新阶段。

美国社会与政治分化严重，围绕疫情与大选两党恶斗，特朗普政府无视科学与专业，错过防疫最佳时机，其抗疫不力致使美国沦为全球疫情的“震中”。疫情导致美国经济增速大幅下滑，失业率高企，IMF 预计 2020 年其经济总量将衰退 8%、为“大萧条”以来之最；与此同时，特朗普政府对外推行“美国优先”，拒不承担国际责任，一味“甩锅”，企图嫁祸于人，严重破坏国际抗疫合作，致使其国际形象显著恶化、软实力严重下滑。国际危机组织总裁罗伯特·马利称，疫情冲击了美国单边霸权，重创“美式全球体系”。

欧盟抗疫在早期因缺乏合力而成效不彰，加之英国“脱欧”，以致损失惨重。随着德国在下半年出任轮值主席国，欧盟抗疫有所起色。法国总统马克龙、德国总理默克尔虽有实现欧盟“战略自主”的抱负，怎奈成员国众口难调、各国内部问题积重难返，加之秋冬季来临致使多国疫情大幅反弹，欧盟国际影响力仍呈下滑之势。

俄罗斯国力过于依赖军事，经济发展缺乏后劲，抗疫压力巨大。面对严峻挑战，俄罗斯加速政策调整，出台一系列抗疫与重振经济举措，对内高调举行反法西斯战争胜利 75 周年红场阅兵以提振士气，修宪公投获高票通过，对外坚持多边主义与国际抗疫合作，大国地位仍不容小觑。

中国高效抗疫一枝独秀，社会稳定有序，经济复苏率先重启，成为2020年世界主要经济体中唯一正增长的国家，彰显治理能力超强与综合实力上升。对外积极开展“抗疫外交”，主动增信释疑，促进国际合作，坚定支持世卫组织，推动构建“人类卫生健康共同体”，得道多助，影响力跃升。

但是，中国没有领导全球治理的意愿。中国希望为全球治理提供中国方案，但这个方案肯定不是“中国领导权”。中国主张的全球治理观不是“雁型结构式”，即一国带头、他国跟进，而是平等、包容与网状。全球治理的未来需要协商、自愿、尊重每一个国家的根本意愿。

从长远看，新冠肺炎疫情尤其全球战疫必将重塑世界力量对比，多极新格局逐渐浮出水面。美国综合实力仍然第一，但疫情打击与大选后的社会撕裂令其元气大伤、再难独霸；中国经受抗疫“大考”，“十四五规划”和“2035年远景目标”，彰显后劲十足；欧盟与俄罗斯“短板”突出，但也各有强项。由此可见，上述四大力量正在共同塑造不均衡的多极新格局，中美两家分量更重。澳大利亚洛伊研究所的《2020年国力评估报告》也认为，疫情使中、美两国的实力更加接近，中美两强领跑世界的格局更加清晰。

第八章　新冠肺炎疫情对世界的影响

2020 年前后，突然暴发的新冠肺炎疫情是一场世纪罕见之大疫情。2020 年 3 月 11 日，世界卫生组织（WHO）正式将新冠肺炎疫情定性为“全球性大流行”，100 多个国家宣布进入紧急状态或实行封锁限制。根据美国约翰·霍普金斯大学的数据，截至 2021 年 5 月 1 日，新冠肺炎的全球累计确诊病例超过 1.6 亿，死亡人数超过 330 万；美国的确诊病例超过 3278 万，死亡病例超过 58 万。① 《自然》杂志刊文预测，至 2021 年中，全球累计感染人数恐将多达 2.5 亿，“间接性封锁”或成各国常态。

与此同时，正如新冠肺炎疫情的全球肆虐所示，“黑天鹅”与“灰犀牛”乱舞，使“世界局势呈现历史上罕见的不确定性和不稳定性”。

第一节　六大危机并发

疫情引发经济、政治、安全等多重危机。联合国 2020 年 6 月发布的《2019 冠状病毒病——联合国全面应对举措》指出，新冠肺炎病毒大流行不仅是卫生危机，更是经济危机、人道主义危机、安全危机和人权危机，凸显国家内部和国家间的严重脆弱性和不平等。各国应对疫情的态度、措施和效果大不相同，充分显示了疫情对各国国家治理能力的试金石作用。这场危机何时结束，尚不得而知，世卫组织总干事谭德塞称，疫情影响恐将持续几年。但可以预料的是，随着 2021 年新冠病毒疫苗在全球范围的广泛应用，“后疫情时代”可能会较快到来。

百年大变局与百年大疫情相互激荡，催生和加剧了 6 种全球性危机：卫生危机、经济危机、发展危机、粮食危机、治理危机和气候危机。

---

① https：//coronavirus. jhu. edu/us - map.（上网时间：2021 年 5 月 15 日）

一、卫生危机

新冠肺炎疫情的实质是一场全球性公共卫生危机。

新冠肺炎疫情是一场突发性、综合性、全球性的危机，是1918年大流感以来全球最严重的大流行传染病，也是二战结束后最严重的全球性公共卫生突发事件。

新冠肺炎病毒严重危害人类的生命与健康安全。病毒席卷世界各地，感染人数之多、死亡率之高，破历史纪录。从全球新冠肺炎病毒感染的确诊人数和死亡人数看，这是继1918年西班牙大流感以来最为严重的卫生危机。新冠肺炎疫情令许多国家的医疗系统严重超负荷甚至瘫痪。世卫组织的报告称，疫情暴发以来，全球90%的国家的关键医疗服务都受到影响，近四成国家的防疫体系遭遇困境，并导致非新冠肺炎病患和弱势群体的健康和生活受到严重威胁。

二、经济危机

经济危机是此次新冠肺炎疫情带来的最大副产品。

新冠肺炎疫情引发许多国家锁国、封城，生产活动减少，国际贸易下滑，直接导致全球经济出现自1929年世界大萧条以来的最大衰退。世界银行发布报告称，新冠肺炎疫情以及因此采取的防控措施导致世界经济剧烈震荡，陷入深度衰退。2020年，世界经济同比下滑约5.2%，为二战后最严重的衰退。经济衰退之严重、受损国家数量之多，实属罕见。这意味着，此次经济下滑的规模超过了150年来的历次经济衰退。

国际货币基金组织2020年10月发布的报告预测，2020年全球经济将萎缩4.4%，其中发达国家下降5.8%，新兴市场和发展中国家下降3.3%。在发达国家阵营中，欧洲降幅最大，下滑8.3%；日本次之，下降5.3%；美国和其他发达国家分别下降4.3%和5.5%。在发展中国家中，拉美最为惨重，GDP下降8.1%；东欧次之，降幅4.6%；中东和中亚萎缩4.1%，非洲下降3.0%；亚洲经济表现全球最好，GDP仍为负增长（-1.7%）。可见，增长萎缩、经济衰退是一个全球范围的普遍现象。

三、发展危机

发展危机虽不是新冠肺炎疫情所致，但客观上新冠肺炎疫情起到了加速器的作用。

百年大疫情加剧社会贫富剧烈分化，富人更富、穷人更穷，富人有钱可保健保命，穷人无钱只得用命顶上。发展中国家存在着大量无正规就业的人群，他们无固定工作、无稳定收入，面对严格的社会隔离政策难以遵守，对政府无能和社会不公现象的不满不断累积，社会矛盾空前激化。英国、法国、智利、玻利维亚等国民众冒着感染病毒的风险走上街头抗议，似乎昭示不少国家正处于一个大动荡的前夜。新冠肺炎疫情加剧社会危机，而社会危机反映出的是更深层的发展危机。“有增长，无发展”是传统型发展危机的显著特征，而2020年发展危机则表现为“既无增长，又无发展”。大衰退、大失衡成为新型发展危机最显著的特征。

四、粮食危机

粮食危机无疑是新冠肺炎疫情导致的另一个恶果。

由于新冠肺炎疫情，全球绝大多数国家的经济活动按下暂停键，劳动力密集型的农业生产所受影响尤其更甚。加上气候变化、天气异常，2020年全球的粮食歉收，粮食危机迫在眉睫。2020年7月14日，联合国粮农组织、世界粮食计划署、国际农业发展基金会、世卫组织及联合国儿童基金会联合发布《世界粮食安全和营养状况》报告，指出新冠肺炎病毒大流行将使全球8000万至1.3亿人面临饥饿，加剧世界粮食系统的脆弱性及从生产、分配到消费领域的不公平现象，世界濒临近50年来最严重的粮食危机。非洲是受影响最严重的地区，其饥饿人口占总人口的19.1%；未来1—2年，全球面临严重粮食不安全的人数可能从疫情来袭前的1.49亿增至2.7亿。联合国2020年11月发布的一份报告称，由于新冠肺炎疫情大流行，全球饥饿和流离失所的人口已经达到创纪录水平；由于侨汇收入减少，移民和依赖侨汇生存者不得不寻找工作以养家糊口，饥饿和流离失所人口可能“激增”。全球减贫进程亦严重受挫。世界银行预测，受疫情影响，极端贫困人口将出现“一代人以来的首次上升”，全球将增加约1亿极贫人口。

联合国粮食及农业组织、世界粮食计划署和欧盟2021年5月5日共同在线发布的《2021年全球粮食危机报告》称，2020年全球至少有1.55亿人面临重度粮食不安全问题，达到过去5年的最高水平。重度粮食不安全，是指生命或生计因无法摄入足够食物而面临直接危险。报告显示，受冲突、新冠肺炎疫情、极端天气等因素的影响，近年来全球重度粮食不安全问题持续加剧。2020 年，55 个国家和地区至少有 1.55 亿人陷入危机级别或更为严重的粮食不安全困境，比上一年增加约 2000 万人。非洲国家受到的影响尤为明显。2020 年，全球面临重度粮食不安全问题的人口中，有 2/3 身处非洲大陆。此外，也门、阿富汗、叙利亚和海地等国 2020 年的粮食危机严重程度也位列前十。

五、治理危机

治理危机存在于国家和全球两个层面。

面对这一全球性公共卫生事件，美国等国家大搞自我中心，政治人物根本无视国际合作，停止对世界卫生组织的资助，国际社会没能形成有效合作。

从国家层面看，一方面，一些国家的政党、政治力量和政治领袖往往将一己之私利凌驾于全国人民利益之上，将防控疫情当作权力斗争的一种工具，对严重的疫情要么无作为，要么胡作非为；另一方面，疫情加剧各国固有的阶层、族群矛盾。贫富差距凸显，社会矛盾激化，西方社会内部群体撕裂更加严重，街头暴力频发。美国黑人弗洛伊德被警察暴力执法致死，“黑人的命也是命”（BLM），引发全美范围内的大骚乱，是疫情背景下美国社会极化分裂的集中反映。美国著名政治学者福山指出，疫情暴露了传统政治体制的痼疾。许多国家的民众也对本国政府、政党和政治人物的糟糕表现十分不满，信任度明显下降。2020 年，全球数十个国家的政权发生更迭，反映出广大民众希望用手中选票改变现状的强烈愿望。

从全球层面看，以联合国为主的全球安全治理体系，因美国撂挑子或威胁“退群”，而未能及时发挥应有的协调、引领作用；以 G20 为代表的新兴全球经济治理体系，虽有意作为，并开展了一系列的活动，但因美国的“冷参与”而发挥的作用有限。疫情暴发近两年多来，世界一直未能形成有效协调、统一行动的全球抗疫阵线。新冠肺炎疫情引出治理危机，而治理危机又延伸出信用危机。疫情期间，美国“甩锅”“退群”“断供”，毫无大国担当，令美国的国际形象急剧恶化。

新冠肺炎疫情出现以后，国际合作进一步走向低潮。中国与美国、西方针对全球公共卫生治理的观念与模式分歧进一步凸显。从戴口罩、保持社交距离、居家令、封城令、锁国令、旅行限制等防疫、抗疫措施，到医疗操作规范、相关药品和设备的研制分发，东西方以致各国自行其是，一片混乱。

六、气候危机

虽说不是新冠肺炎疫情引发气候危机，但疫情无疑是气候危机给人类社会的一个预警。

由于美国退出《巴黎协定》，全球应对气候变化进程几近停滞。新冠肺炎疫情暴发，地球上的人类活动急剧减少，碳排放量也大幅下降，对气候变化来说，倒不失为一个暂时的好消息。但世界气象组织等发布报告指出，全球气候变化并未因疫情而止步，大气中的温室气体浓度达到创纪录水平，2016—2020年注定成为有记录以来最热的5年，海平面上升速率远超预期；气候变化的影响越来越具有不可逆性，世界正脱离将全球平均气温相比工业化前水平的增幅保持在远低于2℃或1.5℃既定目标的轨道。

自然界在用它特有的方式警告人类。2020年人们切身感受到气候变化危机的严重影响：地表温度进一步升高，极端天气和自然灾害频发。中国南方上半年严重水灾，下半年美国和加勒比地区多轮飓风袭击，全球地震、火山爆发不断，极端气候事件与日俱增，南北极冰盖加速消融，超强台风频发，美国西海岸等山火肆虐，全球天灾层出不穷。严重疫情加上气候危机，让人类社会感受到前所未有的不适。

人类历史上不乏全球性的重大危机，例如，卫生大危机有1918年西班牙大流感，经济大危机有1929年世界大萧条，军事大危机有一战、二战，但像2020年这样6种危机同时并发、相互叠加，则在人类历史上极为罕见，甚至可以说是独一无二。这场疫情犹如一场规模巨大、没有硝烟的另类战争，给人类社会带来严峻挑战。每个国家的社会制度、政府决策、治理能力、文化观念及公民素质等，都被推到风口浪尖，都面对挑战并接受考验。

第二节　疫情对网络安全的影响

这场疫情给世界各国的经济发展和社会运行按下了缓滞键，也给全球网络空间安全带来新的威胁和挑战。网络攻击、数据泄露、安全漏洞等安全问题在疫情影响下呈现新的变化，大国网络空间博弈日趋激烈。同时，各国战略政策、网军建设及武器装备稳步推进，人工智能、量子技术、5G等新兴技术突飞猛进，推动世界军事电子前沿科技取得重要进展。

网络、5G、太空、深海、极地、无人机等正日益成为大国博弈的“新边疆”和新战场。网络方面，主要大国日益重视网络治理规则主导权和网络作战能力建设。美国已通过双边和多边网络空间协议和区域性组织，逐步建立起自己主导的区域性网络空间体系。近年来，美国将2009年设立的网络司令部升格为一级联合作战司令部，与六大战区司令部和三大职能司令部并列，并出台《国防部网络战略》和《国家网络战略》，还与英国、澳大利亚等27国联合签署《网络空间负责任国家行为联合声明》，旨在构建网络空间的“北约”。2020年，美国发动“五眼联盟”及相关国家公开要求企业在加密应用程序中设置“后门”，极大威胁了全球科技创新与科技安全。尤其美国力推“清洁网络”计划，企图从清洁运营商、清洁应用商店、清洁移动应用、清洁云以及清洁电缆5个方面排挤中国互联网企业、产品及服务，以维护其垄断私利和网络霸权。俄罗斯、欧盟在网络问题上也动作不断。继发布《信息安全学说》后，俄罗斯《主权互联网法案》和“断网演习条例”正式生效，并完成了国家互联网的外部“断网”测试演习。2020年，俄罗斯国家杜马通过《数字金融资产法》，以维护本国的数字经济安全。欧盟于2020年7月发布《欧洲可信网络安全战略》。显然，国际主要力量正在围绕制网权、网络安全、网络作战能力等展开激烈竞争。

被视为“未来社会的关键性基础设施”的5G，更是被各大国视为必争的技术高地。由于中国是5G技术发展的主要参与者和领先者，美国便想方设法地进行遏制和打压。2019年5月，美国颁布《确保信息通信技术与服务供应链安全》的行政命令，旨在将中国的华为和中兴等中企生产的产品、零部件及提供的相关服务“清除”出美国通信网络。2020年，美国公开施压本国及全球芯片公司中断对华为芯片供应，推动本土科技公司收购全球第二和第三大5G技术公司爱立信和诺基亚；强迫欧洲盟友和拉美国家中止或放弃使用华为5G技术设备，诬蔑华为设备存在安全风险；积极筹建10国参加的“5G开发联盟”，企图掌控5G标准和规则制定权。

一、新冠肺炎疫情引发网络攻击频发

随着新冠肺炎疫情蔓延至全球，各黑客攻击组织纷纷利用疫情发起网络攻击，针对公共卫生机构的定点攻击尤其更加密集，对疫情防控造成极大威胁、干扰。疫情中，国家背景的APT组织是网络攻击的最主要来源，其利用疫情相关类的文档进行诱饵攻击和钓鱼攻击，窃取目标国的疫情相关情报或获取经济利益。

2020年1月底至2月中旬，大规模疫情仅发生于中国时，“海莲花”“毒云藤”等组织多次针对中国实体组织开展网络间谍活动；2月中旬后，新冠肺炎疫情在全球范围内暴发，越来越多的APT组织加入到网络活动中，针对美国、德国等国家的网络攻击日益频繁。世界卫生组织声称，疫情期间遭受的网络攻击数量急剧增加，为2019年同期的5倍；德国西部城市遭遇疫情类文档的钓鱼攻击，致损失数千万欧元；美国公共卫生服务部遭遇多起旨在减缓疫情应对的严重网络攻击。

二、地缘政治紧张局势加剧网络攻击态势

2020年上半年，网络安全问题不断演化升级，国家级网络攻击不断增加。地缘政治冲突加剧投射到网络空间领域，网络行动已上升为实现国家利益的重要工具。国家在网络安全的实力对比，已成为决定未来国际格局和治理体系的核心要素。

美军于2020年1月初刺杀伊朗军事指挥官苏莱曼尼后，伊朗黑客组织对全球网络的攻击次数增加了2倍，着重针对美国计算机网络加大了攻击力度；3月，俄罗斯的黑客组织“蜻蜓”入侵旧金山国际机场网站，导致大规模数据泄露；同月，俄罗斯犯罪组织TA505结合使用恶意软件及合法工具，对德国金融公司发起虚假电子邮件攻击活动，窃取用户信用卡数据。

三、超大规模数据泄露趋于常态化

2020年上半年，数据泄露在新冠肺炎疫情的助推下显得触目惊心。全球范围内第一季度的数据泄露事件同比下降42%，但泄露数据量同比增长273%，泄露数据量达84亿条，创历史新高。泄露数据涉及政府数据、医

疗信息、个人账号、军工情报等信息，对国家安全、企业利益、个人隐私等造成了极大威胁。

2月，以色列利库德集团开发的选举程序配置发生错误，或潜在暴露近650万以色列公民的个人信息；3月，美国国防供应商维瑟精密公司遭受勒索软件的网络攻击，导致国防工业敏感文件被窃取，对相关技术知识产权和国家安全构成了潜在威胁；4月，号称“世界上最安全的在线备份”云备份提供商SOS在错误配置在线数据库后，泄露了超1.35亿条记录中的元数据和客户信息。

四、重大安全漏洞缺陷不断涌现

近年来，网络安全漏洞以较快速度增长，漏洞类型也日趋多样化。2020年上半年，事件型漏洞和高危零日漏洞数量上升，漏洞攻击由传统信息系统扩展至网络空间领域，网络安全漏洞正成为具备强大威慑力的新型网络武器装备。

3月，ESET研究人员发现了一个影响超过10亿WiFi设备的超级漏洞，导致攻击者可使用全零加密密钥对设备的网络通信进行加密；4月，苹果公司承认其默认邮件程序中存在两个漏洞且时间达8年之久，影响波及全球超10亿部苹果设备，攻击者可利用漏洞在多个版本的iOS系统上实现远程代码执行，从2018年起多个组织已经开始利用该漏洞发动针对性攻击，北美等多国企业高管被袭；3月，由韩国支持的间谍组织利用IE浏览器中存在的零日漏洞破解朝鲜电脑系统防线，以此攻击和监控相关行业专家和研究人员。

五、基础设施安全风险叠加升级

2020年上半年，能源、电网等领域的关键基础设施无不成为网络攻击的靶心。基础设施威胁的背后，是越来越多国家力量的入局。随着攻击方式的隐蔽、攻击范围的扩散、攻击手段的发展，基础设施威胁已成为损害国家安全、政治稳定、经济命脉、公民安全的重要存在。

2月，伊朗政府资助的黑客组织“Magnalliuma”针对美国电力公司、石油公司及天然气公司进行了广泛的密码喷射攻击；4月，伊朗对以色列全国的供水命令和控制系统开展了网络攻击，但袭击并未影响设施运营；

5 月，委内瑞拉国家电网再次遭到网络攻击，造成全国大面积停电。据悉，这次袭击是美国武装入侵遭挫败之后实施的报复性袭击。

2021 年 5 月，因遭受黑客攻击，美国科洛尼尔管道运输公司输油管道被迫关闭，导致多州的汽油短缺现象愈加严重，多地出现燃料供应不足现象。针对美国频发的黑客攻击现象，总统拜登强调，美国应加强各个领域的网络安全工作，以应对与网络攻击相关的长期挑战，包括在教育上进行投资以培养更多网络安全方面的人才，保持美国在创新技术方面的地位。

六、积极的迹象

另一方面，积极的迹象使网络空间国际规则的探索取得了快速发展。传统的网络安全国际规则制定持续推进。新成立的联合国信息安全政府专家组、信息安全开放式工作组继续工作，就主权原则、不干涉原则、使用武力法、国际人道法、国家责任法等国际法具体规则如何适用于网络空间进一步深入讨论。打击网络犯罪国际规则制定进入新阶段。联合国网络犯罪问题政府专家组召开第六次会议，各国就打击网络犯罪“国际合作”和“预防”形成初步结论和建议。2019 年底，联大授权成立特设政府间专家委员会，谈判制定全球性公约。数据治理国际规则制定进入快车道。中国提出首份数据安全领域的国际倡议——《全球数据安全倡议》，旨在为下一步推动制定数据安全全球规则奠定基础，得到国际社会广泛关注，也获得不少国家支持。欧洲高举“数字主权”“技术主权”大旗，抢抓数据跨境流动国际规则主导权，出台“史上最严数据保护法”GDPR、推出《欧洲数据战略》，引发众多国家效仿。美国则基于其领先技术倡导“数据跨境自由流动”，并在全球范围内进行推销，试图将之打造为国际规则。人工智能国际规则制定方兴未艾。经合组织、G20 及有关行业组织相继提出了一些研发和应用人工智能应遵守的基本原则。欧盟先后出台《可信赖的人工智能伦理指南》《人工智能白皮书》。美国接连发布《国家人工智能倡议》《人工智能原则：国防部人工智能应用伦理的若干建议》等政策规则文件，加大投入引领人工智能国际规则发展。这一领域规则竞争正蓬勃展开，科技硬实力与规则软实力的融合互补、相互促进更加明显。

网络倡议和行动逐渐达到饱和，诸如《网络空间信任和安全巴黎倡议》和“全球网络技术论坛”等网络倡议和行动将从当前“如雨后春笋”

般密集地提出和创建（通常是重复的），经历一个“大浪淘沙”的过渡阶段。而经历一轮筛选后的网络倡议和行动将更具协调性。

第三节　霸权时代的终结

新冠肺炎疫情虽然不是美国衰退的直接原因，却是一个标志性的事件，标志着美国霸权的结束和世界秩序的重建。随着美国霸权的结束，世界霸权时代亦告终结。历史上曾经出现过所谓罗马治下的和平、不列颠治下的和平等霸权体系，但彼时的世界已经不能与当今的全球同日而语，单极霸权不会再度复活。主要有以下三个原因：其一，没有一个单一国家会具有主导世界事务的超强实力，国际力量的消长依然顽强地推动着多极化的进程；其二，世界事务越来越趋于多元多样，全球性问题越来越呈现出跨国性特征，任何国家都无力单独主导或有效应对全球性威胁和挑战；其三，当今世界不会支持霸权体系和霸权制度，国际社会成员也不会自愿服从霸权领导，霸权已经失去合法性。霸权时代的终结意味着，在相当长的时期内，单极霸权不会再行复现，世界也不会再有霸权国家。

一、两极对抗取代单极霸权的可能性甚微

虽然现在议论最多的是中美战略竞争，但中美两极格局是难以形成的。中美两国实力仍有差距，像冷战时美苏那样在当时世界最为重视的军事领域达成战略均衡和总体均势的情景没有出现。就话语权力、舆论权力等其他形式软权力的分布而言，两极分立更不可能形成。再者，两极格局的一个必要条件是两个核心国家均需建立各自的结盟体系。纵览当今世界，即便是准结盟体系都难以形成，世界大多数国家不会轻易地选边站队，更不会分别与大国再建同盟关系；还有，两极主导世界事务，也没有合法性基础。国际社会成员不会承认两极的存在，也不会受制于两极的竞争。

除了上述这些因素之外，还有至关重要的一点。中美两国政府从全球的发展趋势和各自的国家战略考虑，都不会承认两极格局。美国作为世界头号强国，对于霸权的眷恋不会消失，对于建立紧密同盟的希望也不会减弱，领导世界的意愿依然存在，并可能再度升温。对于中国而言，一种明

晰的中美两极对抗格局违背其不称霸的战略意图，也不符合构建人类命运共同体的理想信念。从中国战略利益考虑，界限分明、竞争冲突的两极对中国现阶段的发展和实现民族复兴大业尤为不利。即便是当年有些美国学者提出以合作为主的“两国共治”“中美国”等建议，也没有被两国政府（以及其他国家）所接受。因此，推动多极化是目前明智的战略选择和策略行动。

二、世界的发展趋势是多极多元

世界的发展趋势是多极、多元。多极，指世界会出现多个权力中心，比如中国、美国和欧盟。美国虽然丧失霸权，但依然是世界上实力最强的单一国家，自由主义国际思想也依然有着不小的市场。中国现在已经是世界第二大经济体，在全球事务中发挥着举足轻重的作用，且综合国力和影响力依然处于上升期。欧盟虽然不是单一国家，在疫情期间也出现了严重问题，但目前从内部整合和对外反应两方面看，都具有一极的能力和影响力。所以，至少中国、美国、欧盟是世界三个比较明显的权力中心，任何一方的缺席，稳定的世界秩序和有效的全球治理均无从谈起。除此之外，还有其他一些国际行为体，比如俄罗斯、印度、东盟等，也会成为权力的次中心。

多元，指世界事务更趋于呈现多种形态。以军事实力分类、以意识形态划线、以国家结盟保障安全等单向度的观念，已经不能主导大多数国家的思维和判断。国际社会成员的多元化及其多元诉求和愿景，已经是当今世界的一个重要特征，并且会朝着更加多元的方向发展。多元化会表现在国际行为体、国际思潮、全球治理等诸多方面。非国家行为体不会因为国家中心主义的强势回潮而退场，在许多领域会持续发挥重要作用。美国的自由国际主义思想已经不再是国际体系的唯一主导理念，中国发展道路、欧洲模式都会产生各自的吸引力。此外，全球治理也会从全球层面的治理分散为全球、地区、领域等不同层级的治理。在大国战略竞争加剧、全球层面治理低效的情况下，地区层面的治理很可能更为积极，疫情期间签署的《区域全面经济伙伴关系协定》（RCEP）就是一例。

世界格局继续朝着多极化方向发展，世界事务正在变得更加多元，世界本身已经成为一个多极多元交汇的复合体。多极多元，既表示大国会发挥重要作用并承担更大责任，也表明大国的作用和责任，是在与其他国际社会成员的协调协商协作之中显现出来的。多极多元的交汇则意味着，世界会出现更加明显的权力分散和下沉态势，霸权和两极所表现的权力集中、少数国家主导世界的时代已经成为过去，共商、共建、共享才是世界和平、发展和进步的实践原则和基本保证。

三、美国霸权已经结束，世界霸权时代也告终结

冷战结束之后，美国成为世界唯一的超级大国，倚仗自身的软硬实力，努力构建一种单极霸权体系。与历史上的霸权相比，美国霸权更多的是一种制度霸权，通过在全球范围内建立并加强美国主导的国际制度，维护和巩固霸权体系及霸权国地位。其间，美国的影响力是全面的，影响范围几乎遍及整个世界；美国主导国际议程设置的能力也是明显的，一个袭击美国本土的“9・11”事件，就使反恐被列入最重要的世界议程之中，并为国际社会普遍接受。

这一时期，人们也见证了全球化迅速发展、新兴发展中国家崛起、其他各种力量的作用明显上升。相比之下，美国霸权自进入21世纪以来一直处于衰退之中，美国在全球的影响力大幅度下降。尤其是2016年特朗普当选总统之后，采取“美国优先”的狭隘利己主义政策，鼓动并利用民粹主义，使得美国软实力严重下滑，美国的全球制度性权力因为美国肆意毁约、退群而大大降低。新冠肺炎疫情虽然不是美国衰退的直接原因，却是一个标志性的事件，标志着美国霸权的结束和世界秩序的重建。

疫情对美国主导的国际秩序造成沉重打击。与此同时，非西方世界、特别是中国仍然在大踏步地前进。所以，法国总统马克龙说，“我们也许正在经历西方霸权的终结”。

四、美国应对网络安全的新举措

2021年5月11日，美国有线电视新闻网（CNN）发布了《成品油管道运营商Colonial Pipeline遭网络攻击，白宫表示燃料供应没问题》报告。报告梳理了美国最大成品油管道运营商Colonial Pipeline遭俄罗斯“Dark-side”勒索病毒攻击情况，阐述了美国开展的勒索病毒攻击应对行动，梳理了美国应对网络威胁制定的网络安全行政命令。报告表明，网络安全与

漏洞应对至关重要，为维护美国国家安全，网络安全与漏洞应对行动势在必行，迫在眉睫。

（一）美国最大成品油管道运营商遭俄罗斯“Darkside”勒索病毒攻击

美国最大成品油管道运营商 Colonial Pipeline 因网络攻击关闭关键服务器。Colonial Pipeline 的管道系统横跨 8800 多千米，输送着东海岸 45% 的燃料，日运输能力为 250 万桶汽油、柴油、喷气燃料和家庭取暖用油。2021 年 5 月初，Colonial Pipeline 遭受勒索病毒攻击，5 月 8 日，美国联邦机构同私营公司合作，关闭了一台关键服务器，阻止了针对输油管道等目标的网络攻击。该干预行动是为应对针对燃料管道公司的暗中攻击，在被盗信息传回俄罗斯之前，切断黑客存储被盗数据的关键基础设施。专家表示，这是应对网络攻击窃取信息事件的正确策略。

美国有效应对燃料供应等系列问题。5 月 9 日，白宫成立一个紧急工作组，以应对能源供应问题，并放宽公路石油运输规定。10 日，美国白宫在有线电视新闻网（CNN）表示，燃料供应不存在问题，美国政府正与 Colonial Pipeline 密切合作，紧急调查 Colonial Pipeline 遭勒索病毒攻击的范围和后果，缓解勒索病毒攻击，削减输油管道关闭对燃料供应的影响，预防“多重意外事件”，确保输油管道系统不受损害。目前，部分管道正在进行修复，恢复网络正常运行还需时日。

美国对俄罗斯“Darkside”勒索病毒攻击开展调查。5 月 10 日，联邦调查局指出，Colonial Pipeline 网络攻击来自俄罗斯的犯罪集团“Darkside”的勒索病毒，没有俄罗斯官方参与勒索病毒攻击的证据，俄罗斯政府否认与此次袭击有关。目前，情报部门正在评估犯罪集团“Darkside”与外国官方的联系。经过 Binary Defense 公司（负责威胁搜寻和反情报）、网络安全公司 Fire Eye 调查表明，该组织的动机是为了钱财，与政治无关。

勒索病毒攻击获俄罗斯官方默许。国土安全部网络安全与基础设施安全局前局长克里斯·克雷布斯（Chriskrebs）指出，勒索病毒攻击多年来严重影响到了美国学校、州、地方政府机构和医疗设施，实际上，攻击者获得俄罗斯官方的默许，俄罗斯国家行为体与俄罗斯境内的网络犯罪者的区别“越来越无关紧要”。

美国总统拜登采取外交行动应对网络安全问题，认为“Darkside”组织与俄罗斯官方无关。美国将之前的“太阳风攻击”归咎于俄罗斯外交情报局，总统拜登在过去几个月中向俄罗斯总统普京提出了网络问题，并计划6月与普京在欧洲会晤。拜登表示，管道被攻击事件与俄罗斯官方无关，同时指出，美国政府、联邦调查局、司法部正在合作打击、起诉勒索病毒攻击者。

（二）美国开展勒索病毒攻击应对行动

勒索病毒攻击威胁美国国家安全。2020年，勒索病毒在美国窃取了超过3.5亿美元的资金，造成了“惊人”的财政损失，勒索软件攻击比2019年增加了3倍以上。目前，攻击者正在加速勒索病毒攻击活动，对美国企业构成了“生存威胁”，5月初，在Colonial Pipeline被攻击前，国土安全部部长亚历杭德罗·马约卡斯（Alejandro Mayorkas）发出警告指出，勒索病毒对国家安全构成了威胁。

多措并举应对勒索病毒攻击。根据美国总统、国土安全部、国家安全委员会、国防部的指示与行动，应对勒索病毒攻击主要从5个方面入手：1. 进行网络安全教育。马约卡斯指出，攻击是无法预防的，必须通过教育来应对勒索软件，了解如何发现威胁，如何应对威胁，如何修复攻击。2. 制定安全资助计划。国防部正在探索制定一项资助计划，惠及不属于现有资助计划的企业，提高全国的网络安全水平。3. 依赖国家关键基础设施防御机制。国土安全顾问指出，当关键基础设施所在单位受到攻击时，关键基础设施的安全机制是第一道防线，美国依赖关键基础设施的安全机制防护国家安全。4. 联邦政府提供网络援助。美国国家安全委员会指出，联邦政府已做好准备，“随时准备”向成品油管道运营商Colonial Pipeline提供网络援助。5. 迅速修复网络漏洞，制定应对网络攻击的行政命令。5月9日，拜登总统指出，必须迅速修复美国国家网络防御系统漏洞，指示优先处理网络问题，白宫正在制定应对网络攻击的行政命令。

（三）应对网络威胁的网络安全行政命令

拜登政府高度重视网络安全漏洞，并指出网络威胁是21世纪全球安全的最大威胁之一，必须像对待其他非常规武器威胁一样，重视网络威胁应对。为应对网络威胁，拜登政府正在制定网络安全行政命令：

1. 立法目的。制定网络安全行政命令主要是更好地应对、防御近年来频繁发生的重大网络攻击。如应对之前的“太阳风攻击”，其让俄罗斯黑客获取了美国联邦政府机构系统的访问权限。

2. 适用范围。网络安全行政命令将对与政府有业务往来的公司提出新要求，但该命令草案只适用于美国联邦政府的承包商，不适用于非承包商，本次被攻击的成品油管道运营商 Colonial Pipeline 就不属于该命令拟议的范围。参与起草工作的官员希望，同行业的非承包商能逐渐遵守该行政命令的网络安全要求。

3. 主要内容。网络安全行政命令的内容主要包括 6 个方面：一是为调查网络隐私泄露事件制定法律标准；二是设立一个专门的调查委员会，调查攻击的后果，包括调查代码和数据日志，确定网络隐私泄露的根本原因；三是制定软件开发的新标准，在新产品开发过程中添加多种认证；四是将软件开发地点与互联网服务器分开，以保护访问权限。；五是限制对联邦系统的访问权限，要求承包商对网络攻击更加透明，公司如怀疑遭受黑客攻击，须迅速通知联邦政府；六是为不遵守新标准的公司列出需承担的后果，如禁止向政府机构出售本公司产品。

第四节　中国探寻应对之道

对中国来说，2020 年是一个历史的转折点和分水岭。

一、中国的抗疫大战

中国是全球范围最早遭受新冠肺炎病毒袭击的国家。但在疫情暴发后，在以习近平为核心的党中央的英明领导和果断决策下，“以生命至上”“以人民为中心”，不惜一切代价防疫抗疫，值得永载史册。

（一）变危为机

终于取得抗疫和经济重启的“双胜”：中国成为全球第一个全面控制住新冠肺炎疫情的大国，第一个全面恢复经济活动的大国，第一个全年实现经济正增长的大国，还是唯一一个具有全出口能力的大国。在新冠肺炎病毒仍然肆虐全球的情况下，中国保得一方净土，实现国泰民安，充分反映了中国共产党“为人民谋幸福、为民族谋复兴”的初心，充分展示了中国社会主义制度的优越性。

（二）危中寻机

新冠肺炎疫情无疑是对中国共产党、政府和人民的一次大考。事实证明，中国成功通过了这场大考，赢得了领先全球发展的先机，成为全球各国越来越依赖的供应商、投资者及全球公认的多边主义旗手，稳住并拓展了重要的战略机遇期，但同时也面临挑战。美国、西方对中国的追责、索赔之声不绝于耳；疫情客观助推中国崛起步伐加快，必然会遭致美西方等守成大国更大的遏制和打压。可以预见，对中国的这种遏制、打压和“围猎”将是长期的、全方位的，是不以我们的意志为转移的。如果不能妥善应对，很可能延误，甚至中断中华民族伟大复兴的历史进程。

（三）着眼未来，谋篇布局

面对百年大疫情撞上百年大变局，及美国、西方的遏制和打压，中国始终保持战略定力，妥善应对，积极谋划，及时制定并推出国民经济和社会发展“十四五”规划和2035年远景目标，为今后5年、乃至更长时间的经济社会发展指明了方向，确定了路线图。

在这场惊心动魄的抗疫大战中，网络信息技术发挥了重要作用：健康码的使用，为阻断疫情传播路径、防控疫情扩散提供了重要技术支持；借助人工智能技术，机器人能够帮助医疗机构处理前期问询、预诊等许多非紧急工作，还能帮助医生对病人进行远程诊疗，降低医护人员与病患交叉感染的可能性；基于网络信息技术的保障支持，网络教育、在线购物、网上观剧、视频聊天等蓬勃发展。目前，疫情仍在全球蔓延，国内零星散发病例和局部暴发疫情的风险仍然存在，中国要继续毫不放松地抓紧抓实抓细各项防控工作。

取得抗疫斗争全面胜利，网络信息技术可以再立新功。继续发挥大数据优势，提供更精准的决策依据。疫情防控需要公安、交通、劳动等管理部门以及电信和互联网企业的数据支撑，需要提升数据整合能力。只有实现数据深度协同，才能更好地发挥大数据的决策支撑作用。要继续发挥网络优势，提供更畅通的远程会诊、远程医疗，最大程度集中优势诊疗资源，发挥各地专家的集体智慧；优化在线教育平台，不断提升在线教育平台的技术水平；保障网络安全，防范利用新冠肺炎疫情实施的网络攻击行为，如网络攻击者将计算机病毒、木马和移动恶意程序等伪装成“肺炎病例”“防护通知”等信息，通过钓鱼邮件、恶意链接等方式进行传播。此外，疫情防控信息的报送流转和大数据利用，容易造成个人信息的泄露，需要网络安全、公安执法等部门联手打击网络犯罪、防范数据泄露。

二、中国进入新时代

中国率先走出疫情阴影，经济复苏领跑各主要大国，同时不断深化改革开放，面向未来加快构建“新发展格局”，充分彰显中国特色社会主义制度的优势和治理效能。国际社会主流媒体普遍肯定中国在抗疫中所取得的成绩。

中国不仅顺利通过了百年疫情的大考，而且实现了千年难以实现的“脱贫”目标。2020 年不仅是中国实现第一个百年目标的冲刺年，而且是“十四五”规划的谋篇布局年。

习近平在统筹推进新冠肺炎疫情防控和经济社会发展工作部署会议上指出：“疫情对产业发展既是挑战也是机遇。一些传统行业受冲击较大，而智能制造、无人配送、在线消费、医疗健康等新兴产业展现出强大成长潜力。要以此为契机，改造提升传统产业，培育壮大新兴产业。”当前，国家 IPv6 部署行动计划到了收官之时，5G 商用步伐不断加快，这为中国“互联网 +”“人工智能 +”的发展提供了重要的信息技术基础。从这个角度看，疫情给中国经济转型升级、网络信息技术发展都带来了机遇。我们要抓住机遇，努力化危为机。比如，在以 IPv6 与 5G 为代表的信息基础设施上加大投入，为长远发展奠定信息基础。同时，可以出台激励与扶持政策，鼓励各个行业与互联网、人工智能深度融合，催生出新的产业和行业。尤为重要的是，要加大关键核心技术创新发展的投入力度。关键核心技术是国之重器，对推动中国经济高质量发展、保障国家安全具有十分重要的意义。应继续加大投入、鼓励创新，力争实现更大突破，彻底改变一些关键核心技术受制于人的局面，为网络强国建设奠定更为坚实的基础。

除集中精力办好自己的事情、统筹好发展和安全两件大事外，中国还要积极融入“后疫情时代”的世界。

一是坚定不移地推进改革开放，打造以国内大循环为主体、国内国际双循环相互促进的新发展格局。

二是继续推动自由贸易，促进国际合作，认真履行《区域全面经济伙伴关系协定》（RCEP），向世人展示中国拥抱自由贸易、推动区域合作、支持全球化的决心与努力。

三是推动高质量共建“一带一路”，构建新型大国关系和人类命运共同体，让中国在世界的发展中壮大，让世界在中国的发展中受益。

四是继续高举多边主义大旗，倡导国际关系民主化，推动全球治理体系与机制的改革与完善。

五是努力设法稳住并改善与美国关系，争取美国社会各界对中国发展的理解与支持，力争让美国的发展与中华民族的复兴相向而行，相互辉映。中国崛起势不可挡，这是不争的事实。

正如美国信息技术与创新基金会报告《与中国竞争：战略框架》所指出的那样，在国民经济竞争的四个关键要素：市场、竞争者、供应商和地缘政治竞争对手方面，中国都难以被遏制。美国前国务卿基辛格警告拜登政府应避免中美陷入类似一战的灾难之中，并建议中国与西方关系需要积极的目标，必须放弃遏制言论。但愿美国新政府听得到、听得进这些睿智的言论和建议。

三、中美需要保持战略稳定、规范行动、建立互信

战略稳定意味着双方都不会发起针对对方（或其盟友）的军事冲突，中美战略稳定的一个主要挑战是，中美缺乏对战略稳定的共同定义，并且存在不同的担忧。中国主要担忧美国寻求网络攻击、常规和核打击能力，这些能力可以用来对中国的核威慑进行首次打击，并削弱中国的反击能力。美国担心中国日益增长的网络、常规和核能力，将会阻止美国保护其盟友（与中国存在领土争端的盟友），削弱其常规作战能力，有意或无意削弱美国核指挥、控制与通信系统系统（如针对预警卫星的攻击），美国还担忧中国军事和情报能力及行动（包括网络领域）的高度孤立和分隔的管理，将妨碍高层政治领导人的严格监督。《2018 年美国国防战略》声称“（美国战略）最深远的目标是使我们两国的军事关系走上透明和互不侵犯

的道路。”在这种安全背景下，对影响核指挥、控制与通信系统的网络行动（包括有意的和无意的）的监督日益备受关注，中美网络作战者可能还没有充分认识到核指挥、控制与通信系统系统的复杂性和敏感性，只有最高层的网络作战者才有权审查此类行动。随着大国竞争越来越激烈，中美都感到对方的威胁，并采取行动确保自己的安全，对方则认为这些行动适得其反，破坏稳定，甚至做出应对反应，双方都对对方是否愿意保持战略稳定、规范行动、建立互信缺乏信心。然而，战略稳定将给两国和全世界带来重大利益，中美可以共同禁止某些类型的网络行动，然后共同确定如何遵守规范。

就中美关系的未来发展，中国外交部发言人赵立坚早前曾做出回应称，未来中美关系何去何从，有待于美方做出正确抉择，取决于双方为之共同努力。当务之急是双方应一道努力，排除各种干扰、阻力，实现中美关系平稳过渡，同时沿着符合两国和两国人民共同利益的方向，争取使下一阶段的中美关系重启对话、重回正轨、重建互信。

结　语

2020 年是人类历史进程中具有分水岭意义的一年。

一年来，突如其来的疫情引发全球性危机，各国人员往来、乃至全球化的进程都被按下了“暂停键”，世界经济增长挂上了“倒车挡”，受疫情冲击，全球经济陷入二战以来最严重衰退。强权政治、冷战思维沉渣泛起，单边主义、保护主义逆流横行。典型事例是特朗普政府鼓吹“美国至上”，对中国等国发动贸易战、关税战、科技战、外交战，试图“去中国化”、实现中美“脱钩”。人类发展面临空前风险挑战，国际形势进入动荡变革期。同时，国际格局的演进正在提速换挡，新一轮科技革命和产业变革蓄势待发，人类社会对健康安全、和平发展、合作共赢、命运与共的认知更加深刻。世界回不到过去，人们在求索未来。各国都要做出团结还是分裂、开放还是封闭、合作还是对抗的重要抉择。

新冠肺炎疫情进一步放大新自由主义和全球化的弊端，一方面，面对大疫情冲击，各国纷纷反思既有治理模式弊端，力图在发展与安全之间做出更加平衡甚至保守的选择。另一方面，各国重新反思全球化，对其态度更趋谨慎保守，“新国家主义”等思潮明显升温。新冠肺炎疫情大流行一度中断资本、人力、货物的跨国流动，客观上使全球化不得不进行转型调整，全球产业链、供应链、价值链加快重组。美、欧、日等主要大国开始将产业链转向国内、邻近地区或与其价值观相似的国家。

2021 年 2 月，根据法国官方的统计，全球至少 107 个国家和地区已接种超过 2 亿剂的新冠病毒疫苗。其中七国集团（成员国为美国、加拿大、英国、德国、法国、意大利与日本）注射疫苗的数量就占大约 45%，这七国的人口仅占全球总人口的 10%。报道还称，更广泛而论，全球 92% 的疫苗，在世界银行界定的“高收入”或“中高收入”国家接种疫苗，这些国家的人口约占全球总人口的半数。至于被世界银行界定为“低收入”国家的 29 国中，只有几内亚与卢旺达开始接种疫苗。①

突袭全球的新冠肺炎疫情，让全世界比以往任何时候都更加深切体会到“命运与共”的含义。2021 年 2 月 19 日，由美国、英国、加拿大、法国、德国、意大利、日本组成的素有“发达国家俱乐部”之称的西方七国集团（G7）举行领导人视频会议，就合作推动新冠病毒疫苗公平且迅速普及以及平息疫情后的经济发展展开讨论。七国同意“加强合作”，以应对新冠病毒大流行，并为世界上最贫穷国家的疫苗接种增加资金支持。从会后发布的声明来看，有两点值得关注：一是将“多边主义”放在了最为突出的位置，这是对特朗普主义的一次矫正；二是特别提到“与中国合作（接洽）”，这标志着全球疫情大流行应对行动取得了重大进展。

德国总理默克尔在七国集团峰会后的新闻发布会上强调，全球必须加强多边主义，七国集团希望加强与中国的合作。默克尔在新闻发布会上表示，现在的新冠肺炎疫情证明了世界各国相互依存的关系，只有在全世界人民都接种疫苗之后，才能真正战胜疫情。默克尔认为，疫情之后的经济需要持续性的复苏，气候问题与疫情一样，都是全球性的挑战，因此世界各国需要加强多边主义，需要世界卫生组织和世界贸易组织这样的国际组织。默克尔强调，为了重建世界经济体系，七国集团希望加强与二十国集团，尤其是与中国的合作，七国集团将致力于此并加强交流与对话。

据了解，弥补发达国家和不发达国家在获得新冠病毒疫苗上的差距是外界关注的焦点之一。世界卫生组织（WHO）表示，G7 领导人认识到，只有每个国家都安全，自己的国家才能安全，他们共同向“获取抗击新冠肺炎工具加速计划”（ACT – A）做出了提供超过 43 亿美元资金的承诺，以便在世界范围内开发和分发有效的新冠检测和治疗工具以及疫苗。

其中，美国承诺向“新冠肺炎疫苗实施计划”（COVAX）提供 20 亿美元，并将在 2021 年和 2022 年再提供 20 亿美元；德国承诺为加速计划提供 18 亿美元；欧盟委员会承诺提供 3. 63 亿美元；日本承诺提供 7900 万美元；加拿大承诺提供 5900 万美元。

此外，英国承诺同加拿大、法国、挪威和欧盟一起，与发展中国家分享额外的疫苗，这是增加全球可用疫苗数量并支持迅速减少一些最脆弱国

① 法新社报道，2021 年 2 月 20 日。

家和地区病毒传播的重要一步。

G7 在官方公报中说："如今，随着对 ACT - A 和 COVAX 的财政承诺增加了 40 亿美元，G7 的集体支持总额达到 75 亿美元。"成员国还表示，将加快"全球疫苗的开发和部署"，并支持"可负担的且公平的疫苗使用权"和新冠肺炎的治疗方法。①

坚持多边主义才是解决当今世界层出不穷的难题挑战、实现人类发展的正道。多边主义的基础是平等相待。只有坚持大小国家一律平等，摒弃以强凌弱、弱肉强食的霸凌霸道，才能凝聚各方共识，汇集各方智慧，团结各方力量，全力应对气候变化、环境保护、可持续发展等全球性挑战。多边主义的实质是依法行事、照章办事。这个"法"就是国际法，这个"章"就是《联合国宪章》。只有遵守国际法、遵从《联合国宪章》，才能形成稳定、公正的国际规则和国际秩序，才能给世界带来长治久安。以少数国家的规则定义国际规则，以少数国家的秩序取代国际秩序，是"伪多边主义"，只会制造并加剧不安和动荡。

在联合国成立 75 周年纪念峰会上的讲话中，习近平提出了他的第二个时代之问——"世界需要一个什么样的联合国？在后疫情时代，联合国应该如何发挥作用？"对此，习主席的首项建议就是"主持公道"。"大小国家相互尊重、一律平等是时代进步的要求，也是联合国宪章首要原则。任何国家都没有包揽国际事务、主宰他国命运、垄断发展优势的权力，更不能在世界上我行我素，搞霸权、霸凌、霸道。单边主义没有出路，要坚持共商共建共享，由各国共同维护普遍安全，共同分享发展成果，共同掌握世界命运。要切实提高发展中国家在联合国的代表性和发言权，使联合国更加平衡地反映大多数国家利益和意愿。"

习主席强调，要推动变革全球治理体制中不公正不合理的安排，努力使全球治理体制更加平衡地反映大多数国家意愿和利益。"推动国际货币基金组织、世界银行等国际经济金融组织切实反映国际格局的变化，特别是要增加新兴市场国家和发展中国家的代表性和发言权，推动各国在国际经济合作中权利平等、机会平等、规则平等，推进全球治理规则民主化、

---

① "七国集团（G7）领导人在线上峰会上同意'加强合作'，以应对新冠肺炎病毒大流行"，新华社，2021 年 2 月 20 日。

法治化。”“要打造开放型合作平台，维护和发展开放型世界经济，共同创造有利于开放发展的环境，推动构建公正、合理、透明的国际经贸投资规则体系，促进生产要素有序流动、资源高效配置、市场深度融合。”

为在国际社会实现公平正义，习近平特别强调要坚持正确义利观，多次强调：“在同发展中国家和周边国家发展关系时，要树立正确义利观，政治上坚持正义、秉持公道、道义为先，经济上坚持互利共赢、共同发展。”“坚持正确义利观，永远做发展中国家的可靠朋友和真诚伙伴。”“义利并举，以义为先”。“只有义利兼顾才能义利兼得，只有义利平衡才能义利共赢。”

维护国际公平正义，推动国际关系民主化，构建人类命运共同体，这是新时代中国外交发出的时代强音。中国是国际关系民主化的坚定支持者，坚持和平共处五项原则，秉持正确义利观，将同各国一道坚定支持多边主义、维护国际公平正义。

中国一贯秉持人类卫生健康共同体理念，积极支持并参与疫苗国际合作，正在以不同方式向有需要的国家特别是发展中国家提供急需的疫苗。中方将继续坚定秉持疫苗全球公共产品的“第一属性”，为促进疫苗在发展中国家的可及性和可负担性作出贡献。自疫情发生以来，中国多次在多边及双边外交场合强调，中国疫苗将作为全球公共产品，为实现疫苗在发展中国家的可及性和可负担性作出中国贡献。中国率先加入世卫组织“全球合作加速开发、生产、公平获取新冠肺炎防控新工具”倡议，积极同十多个国家开展疫苗研发合作，共计100多个不同国籍的超过10万名志愿者参与其中。中国加入并支持“新冠肺炎疫苗实施计划”。应世卫组织请求，中国决定向“实施计划”先提供1000万剂国产疫苗，用于满足发展中国家的急需。据悉，中国已向53个提出要求的发展中国家提供疫苗援助；中方支持有关企业向急需获取疫苗、认可中国疫苗、已授权在本国紧急使用中国疫苗的国家出口疫苗，已经和正在向22个国家出口疫苗；同时，中国积极发挥产业链优势，支持和协助其他国家在中国或在当地加工、生产疫苗产品，助力提升全球产能。中国决定参加维和人员新冠肺炎疫苗之友小组，并向联合国维和人员捐赠疫苗。

安理会日前协商一致通过关于新冠肺炎疫苗问题的决议，强调加强国际疫苗合作，确保包括受冲突影响和不稳定地区在内的全球各个国家及地区平等获取可负担的疫苗。这体现了安理会的作用，中方对此表示欢迎。

互联网是人类的共同家园，全人类从未像今天这样在网络空间休戚与共、命运相连。维护一个和平、安全、开放、合作、有序的网络空间，就是在维护人类自己美好的家园。展望前路，中国愿同国际社会一道，把握机遇，迎接挑战，携手构建更加紧密的网络空间命运共同体，共同开创人类更加美好的未来。

当前，百年变局和世纪疫情交织叠加，国际形势不稳定性、不确定性显著上升，维护多边主义、团结抗击疫情的呼声愈加高涨。2021 年是中国共产党建党 100 周年，也是中华人民共和国恢复联合国合法席位 50 周年。站在新的历史起点上，中国将全力推动联合国加强团结合作，为维护国际和平与安全作出更大贡献。

站在新的历史起点，中国与时代同行、与世界携手，将为建设持久和平、普遍安全、共同繁荣、开放包容、清洁美丽的世界做出新的更大贡献。

参考文献

中国人民大学书报资料中心:《国家安全专辑》。

中央网信办、国家互联网信息办公室政策法规局编:《外国网络法选编》第一辑,北京:中国法制出版社2015年版。

于志强主编:《域外网络法律译丛国际法卷》,北京:中国法制出版社2015年版。

王孔祥:《互联网治理中的国际法》,北京:法律出版社2015年版。

沈逸:《美国国家网络安全战略》,北京:时事出版社2013年版。

沈逸:《以实力保安全,还是以治理谋安全?——两种网络安全战略与中国的战略选择》,《外交评论》2013年第3期。

沈逸:《全球网络空间治理需要国际视野》,《中国信息安全》(京)2013年第10期。

沈逸:《以实力保安全,还是以治理谋安全?——两种网络安全战略与中国的战略选择》,《外交评论》2013年第3期。

东鸟:《2020年:世界网络大战》,长沙:湖南人民出版社2012年版。

东鸟:《监视帝国:棱镜掌握一切》,长沙:湖南人民出版社2013年版。

高铭暄、李梅容:《论网络恐怖主义》,《法学杂志》2015年第12期。

王虎华、张磊:《国家主权与互联网国际行为准则的制定》,《河北法学》2015年第12期。

鲁传颖:《试析当前网络空间全球治理困境》,《现代国际关系》2013年第11期。

鲁传颖:《中美网络安全战略的互动与合作》,《信息安全与通信保密》2015年第11期。

王明国:《网络空间治理的制度困境与新兴国家的突破路径》,《国际展望》2015 年第 6 期。

刘杨钺:《国际政治中的网络安全:理论视角与观点争鸣》,《外交评论》2015 年第 5 期。

李艳:《当前互联网治理改革新动向探析》,《现代国际关系》2015 年第 4 期。

王明国:《全球互联网治理的模式变迁、制度逻辑与重构路径》,《世界经济与政治》2015 年第 3 期。

李恒阳:《后斯诺登时代的美欧网络安全合作》,《美国研究》2015 年第 3 期。

刘杨钺、杨一心:《集体安全化与东亚地区网络安全合作》,《太平洋学报》2015 年第 2 期。

肖莹莹:《网络安全治理、全球公共产品理论的视角》,《深圳大学学报》2015 年第 1 期。

王世伟:《国家网络安全治理的智慧韬略》,《社会科学报》2014 年 9 月 4 日。

蒋丽、张小兰、徐飞彪:《国际网络安全合作的困境与出路》,《现代国际关系》2013 年第 9 期。

杨绿:《多国学者倡议加强国际合作,解决网络安全问题》,《中国社会科学报》2012 年 12 月 28 日。

王军:《观念政治视野下的网络空间国家安全》,《世界经济与政治》2013 年第 3 期。

刘丽:《新媒体环境下的德国对华公共外交——以德国驻华大使馆新浪微博为例》,《德国研究》2013 年第 1 期。

李伟华:《中美在网络空间的竞争与合作》,《国际研究参考》2013 年第 5 期。

李莽:《网络空间中的安全困境》,《亚非纵横》2013 年第 3 期。

程晨、白诩:《〈2012 年中国互联网安全报告〉发布——用户信息成黑客窃取重点》,《人民日报》2013 年 7 月 5 日,第 9 版。

安建伟:《后棱镜时代对云端数据安全的思考》,《互联网周刊》2013 年 8 月 20 日。

张保淑:《互联网分裂风险陡然上升　网络主权维护面临严峻挑战——

求解“后棱镜门时代”网络安全》，《人民日报》（海外版）2013 年 7 月 22 日，第 8 版。

刘长安：《2013 年网络安全形势：暴风雨愈来愈猛烈》，《人民邮电》2013 年 12 月 2 日，第 6 版。

唐岚：《“棱镜”事件引发的思考》，《光明日报》2012 年 6 月 29 日，第 6 版。

张薇：《“棱镜”事件折射我国信息安全隐忧》，《光明日报》2012 年 7 月 6 日，第 6 版。

张蕾：《“棱镜”事件让我们体会到肩负的责任——访网康下一代防火墙产品经理》，《光明日报》2012 年 7 月 6 日，第 6 版。

章领：《网络公共危机诱因、演化机理及预警机制研究》，《胜利油田党校学报》2013 年第 4 期。

张小明：《加快网络舆情管理法律制度建设》，《学习时报》2013 年 8 月 5 日。

阿地力江·阿布来提：《境外“疆独”势力对新疆的网络渗透及其危害》，《现代国际关系》2013 年第 7 期。

吉尔·莱波雷著，小文译：《“棱镜”——信息公开中的隐私问题》，《国外社会科学文摘》2013 年第 8 期。

丛培影：《国际网络安全合作及对中国的启示》，《广东外语外贸大学学报》2012 年第 4 期。

张新宝：《论网络信息安全合作的国际规则制定》，《中州学刊》2013 年第 10 期。

汪晓风：《中美关系中的网络安全问题》，《美国研究》2013 年第 3 期。

周琪、汪晓风：《网络安全与中美新型大国关系》，《当代世界》2013 年第 11 期。

任琳：《多维度权力与网络安全治理》，《世界经济与政治》2013 年第 10 期。

蒋丽、张小兰、徐飞彪：《国际网络安全合作的困境与出路》，《现代国际关系》2013 年第 9 期。

［美］马丁·C. 利比基著，薄建禄译：《兰德报告：美国如何打赢网络战争》，上海：东方出版社 2013 年版。

［加］保罗·T. 米切尔著，邢焕革、周厚顺、周浩等译：《网络中心战与联盟作战》，北京：电子工业出版社 2013 年版。

［美］安德鲁·基恩著，郑友栋、李冬芳、潘朝辉译：《数字眩晕：网络有史以来最骇人听闻的间谍机》，合肥：安徽人民出版社 2013 年版。

Tallinn Manual on the International Law Applicable to Cyber Warfare, Cambridge University Press, 2013.

Heather Harrison Dinniss, Cyber Warfare and the Laws of War, Cambridge University Press, 2012.

Christine Gray, International Law and the Use of Force, Oxford University Press, 2000.

Noam Lubell, Extraterritorial Use of Force Against Non – State Actors, Oxford University Press, 2010.

Ian Brownlie, International Law and the Use of Force by States, Oxford University Press, 1963.

Tom Ruys, "Armed Attack" and Article 51 of the UN Charter: Evolutions in Customary Law and Practice, Cambridge University Press, 2010.

Rex Haughes, A Treaty for Cyberspace, International Affairs, Vol. 86, No. 2, March 2010.

Liberation vs. Control: The Future of Cyberspace, Journal of Democracy, Vol. 21, No. 4, Oct. 2010.

Larry Diamond, Liberation Technology, Journal of Democracy, Vol. No. 3, July 2010.

Tom Lundborg, What Lies Beyond Lies Within: Global Information Flows & the Politics of the State/Inter – State System, Alternatives: Global, Local, Political, Vol. 36, No. 2, May 2011.

Laurence R. Helfer & Erik Voeten, International Courts as Agents of Legal Change: Evidence from LGBT Rights in Europe, International Organization, Cambridge University Press, 13. Dec. 2013.

International Telecommunications & Economic Law, U. S. Rejects International Telecommunications Union Conference Outcome, Fearing Interference with Internet Freedom/Edited by John R. Crook, 107, American Journal of International Law (April, 2013), 444.

White House &Department of Defense Announce Strategies to Promote Cybersecurity, Including Strengthening Norms Affecting Internet Security/Edited by John R. Crook, 105, American Journal of International Law (Oct. 2011).

The Path of Internet Law: An Annotated Guide to Legal Landmarks/Michael L. Rustad & Diane Dangelo, Duke Law & Technology Review, 2011, 12.

Symposium, International Law 7 the Internet: Adapting Legal Frameworks in Response to Online Warfare and Revolutions Fueled by Social Media: Cyber Deterrence/by Eric Talbot Jensen, State Sovereignty and Self – Defense in Cyberspace: A Normative Framework for Balancing Legal Rights/by Matherine Lotrionte, Emory University School of Law: International Law Review, 2012, 26.

The Data Protection Directive as Applied to Internet Protocol (IP) Address: Uniting the Perspective of the European Commission with the Jurisprudence of Member States/by Alek Sandr v. Litrinor, The George Washington University: George Washington International Law Review, 45 (2013).

Peter Singer and Allan Friedman, *Cybersecurity and Cyberwar: What Everyone Needs to Know*, Oxford: Oxford University Press, 2014.

Mary Kaldor and Iavor Rangelov, *The Handbook of Global Security Policy*, 2014, John Wiley & Sons Ltd.

Derek Reveron, *An Introduction to National Security and Cyberspace*, in Derek Reveron, ed., Cyberspace and National Security: Threats, Opportunities, and Power in a Virtual World, Washington, D. C.: Georgetown University Press, 2012.

Barry Buzan and Lene Hansen, *The Evolution of International Security Studies*, Cambridge: Cambridge University Press, 2009.

Myriam Dunn Cavelty, *Cyber – Security and Threat Politics: US Efforts to Secure the Information Age*, London: Routledge, 2008.

Martin Libicki, *Conquest in Cyberspace: National Security and Information Warfare*, Cambridge: Cambridge University Press, 2007.

MADELINE CARR, *Public – private partnerships in national cyber – security strategies*, *International Affairs* 92: 1 (2016).

Madeline Carr, *Power Plays in Global Internet Governance*, Millennium: Journal of International Studies, 2015, Vol. 43, No. 2.

Hisham Melhem, *Keeping Up with the Caliphate, An Islamic State for the Internet Age*, Foreign Affairs, November/December, 2015.

Erik Gartzke, Jon R. Lindsay, *Weaving Tangled Webs: Offense, Defense, and Deception in Cyberspace*, Security Studies, Vol. 24, No. 2, April – June 2015.

Kenneth L. Williams, *Management Wake – up and Govern, The era of the cyber security governance*, 2014 Annual Global Online Conference on Information and Computer Technology.

Paul A. Ferrillo, Cybersecurity, Cyber Governance, and Cyber Insurance: What Every Director Needs to Know, Corporate Governance Advisor, September/October 2014, Volume 22, Number 5.

Myriam Dunn Cavelty, *Breaking the Cyber – Security Dilemma: Aligning Security Needs and Removing Vulnerabilities*, Sci Eng Ethics (2014) 20.

James Forsyth and Billy Pope, *Structural Causes and Cyber Effects: Why International Order Is Inevitable in Cyberspace*, Strategic Studies Quarterly, Vol. 8, No. 4, 2014.

Elaine Fahey, *The EU's Cybercrime and Cyber – Security Rulemaking: Mapping the Internal and External Dimensions of EU Security*, EJRR 1 | 2014 The EU's Cybercrime and Cyber – Security Rulemaking.

From Cyber – Bombs to Political Fallout: Threat Representations with an Impact in the Cyber – Security Discourse, International Studies Review (2013) 15.

James Lewis, *Cybersecurity and Cyberwarfare: Assessment of National Doctrine and Organization*, in UNIDIR, The Cyber Index: International Security Trends and Realities, New York and Geneva, 2013.

Lucas Kello, "The Meaning of the Cyber Revolution: Perils to Theory and Statecraft," International Security, Vol. 38, No. 2, 2013.

John R. Crook, *International Telecommunications & Economic Law: U. S. Rejects International Telecommunications Union Conference Outcome, Fearing Interference with Internet Freedom*, 107, American Journal of International Law, April, 2013.

Milton Mueller, Andreas Schmidt and Brenden Kuerbis, *Internet Security and Networked Governance in International Relations*, International Studies Review, Vol. 15, No. 1, 2013.

图书在版编目（CIP）数据

全球治理与网络安全/王孔祥著. —北京：时事出版社，2022.6
ISBN 978-7-5195-0484-7

Ⅰ.①全…　Ⅱ.①王…　Ⅲ.①计算机网络—网络安全　Ⅳ.①TP393.08

中国版本图书馆 CIP 数据核字（2022）第 051365 号

出版发行：时事出版社
地　　址：北京市海淀区彰化路 138 号西荣阁 B 座 G2 层
邮　　编：100097
发行热线：（010）88869831　88869832
传　　真：（010）88869875
电子邮箱：shishichubanshe@sina.com
网　　址：www.shishishe.com
印　　刷：北京良义印刷科技有限公司

开本：787×1092　1/16　印张：14.25　字数：215 千字
2022 年 6 月第 1 版　2022 年 6 月第 1 次印刷
定价：85.00 元
（如有印装质量问题，请与本社发行部联系调换）